陕西省煤矿水害防治技术重点实验室开放基金项目(2021SKMS04)资助
国家自然科学基金面上项目(52370135)资助
河南省高校科技创新团队支持计划项目(21IRTSTHN007)资助
河南理工大学博士基金项目(B2022-38)资助

氟化物和氮素在西部煤矿采空区充填煤矸石中的迁移转化规律

赵　丽　张　庆　著

中国矿业 大学出版社

·徐州·

内 容 简 介

氟化物和氮素是我国西部煤矿区矿井水的典型污染物。本书以国家能源集团神东煤炭集团有限责任公司补连塔煤矿和保德煤矿为研究区,通过室内外研究,总结了矿区矿井水和煤矸石的理化特征,研究了煤矸石中氟化物和氮素等的溶出特征,阐明了矿井水中氟化物和氮素在煤矿采空区充填煤矸石中的迁移转化规律。研究结果对于评价目前煤矿区实施的地下水库技术及实现矿井水和煤矸石的高效综合利用具有重要意义。

本书可作为地质学科、矿业学科、环境学科和水利学科的科研人员、高校教师、相关专业的高年级本科生和研究生开展研究、教学和学习的参考书,也可作为从事环境保护及相关领域技术人员和管理人员的参考书。

图书在版编目(CIP)数据

氟化物和氮素在西部煤矿采空区充填煤矸石中的迁移
转化规律/赵丽,张庆著. —徐州:中国矿业大学出
版社,2023.12
　　ISBN 978 - 7 - 5646 - 5995 - 0

Ⅰ.①氟… Ⅱ.①赵… ②张… Ⅲ.①煤矸石—采空
区水—矿井水—迁移性—研究 Ⅳ.①TD745

中国国家版本馆 CIP 数据核字(2023)第 191942 号

书　　名	**氟化物和氮素在西部煤矿采空区充填煤矸石中的迁移转化规律**
著　　者	赵 丽 张 庆
责任编辑	周 红
出版发行	中国矿业大学出版社有限责任公司
	(江苏省徐州市解放南路　邮编 221008)
营销热线	(0516)83885370　83884103
出版服务	(0516)83995789　83884920
网　　址	http://www.cumtp.com　E-mail:cumtpvip@cumtp.com
印　　刷	苏州市古得堡数码印刷有限公司
开　　本	787 mm×1092 mm　1/16　印张 11.75　插页 1　字数 166 千字
版次印次	2023 年 12 月第 1 版　2023 年 12 月第 1 次印刷
定　　价	70.00 元

(图书出现印装质量问题,本社负责调换)

作者简介

赵丽,女,1977年生,工学博士。现为河南理工大学教授、硕士研究生导师,国家注册环境影响评价工程师。长期从事环境工程、地质资源与地质工程专业的教学和科研工作。作为河南省高校科技创新团队"孔隙地热水中'三氮'转化与预测"的骨干成员和河南理工大学矿山环境保护与生态修复省级重点实验室工作人员,主持和参加国家自然科学基金、中国博士后科学基金、河南省教育厅基金等项目25项。曾获中国煤炭工业协会科技进步奖2项、河南省自然科学学术奖4项,在国内外知名期刊 *Chemical Geology*、*Journal of Contaminant Hydrology*、*Journal of Geochemical Exploration*、煤炭学报等发表学术论文60余篇,其中多篇被 SCI、EI、ISTP 收录,授权发明专利3项,出版教材和专著7部,其中主编2部。

张庆,男,1976年生,工学博士。现为河南理工大学副高级职称教师、硕士研究生导师。长期从事水文地质、工程地质、地热开发利用等地质工程专业的实践、教学和科研工作。作为地质高级工程师,主持和参加多项国内外大型地质勘查项目、水文地质和工程地质勘察项目和地质灾害评估项目。曾获国土资源部科技进步一等奖,在国内外知名期刊 *Journal of Hydrology*、*Chemical Geology*、煤炭学报等发表学术论文近30篇,其中多篇被 SCI、EI、ISTP 收录,授权发明专利多项,出版教材1部。

前　言

基于浅埋深、薄基岩、厚煤层的赋存条件,我国西部煤矿区富含生产污水的矿井水中氟化物和氮素(有机氮或无机氮,其中无机氮包括硝酸盐氮、亚硝酸盐氮和氨氮,简称"三氮")含量往往较高,且多具有高矿化度的水质特征。近些年以顾大钊院士为代表提出的以"导储用"为思路的利用煤矿采空区充填煤矸石处理矿井水的技术,已在我国国家能源集团神东煤炭集团有限责任公司较多矿区得到应用。该技术在实现"保水采煤"的基础上,取得了显著的环境和经济效益。然而,在利用采空区净化矿井水过程中,氟化物和氮素的迁移转化规律如何? 经采空区矸石处理后的矿井水是否能够安全可持续利用? 关于这些科学问题的探索,对于揭示采空区处理矿井水过程中污染物的迁移转化机理及开展水质安全评价具有重要意义,可为矿井水的科学合理、安全有效净化处理提供理论依据。

本书基于作者多年来对西部煤矿地下水库充填煤矸石对矿井水的净化机理和效果研究成果著作而成。全书共分为9章。第1章主要介绍了研究背景、目的、意义、国内外研究现状及存在的问题;第2章介绍了研究区国家能源集团神东煤炭集团有限责任公司补连塔煤矿和保德煤矿的概况;第3章介绍了自补连塔煤矿和保德煤矿采集的煤矸石和矿井水的理化特征;第4章通过浸泡实验对比研究了不同地质年代煤田补连塔煤矿和保德煤矿煤矸石中氟化物、氮素和有机质的溶出特征;第5章通过动态柱模拟实验,结合数值模拟和室内外样品理化指标的分析,对比研究了氟化物在两矿采空区充填煤矸石中的迁移规律;第6章通过批实验、柱模拟实验以及数值模拟,探讨了氨氮在煤矿采空区充填不同地质年代煤矸石中的迁移转化规律；第7章主要模拟补连塔煤矿地下水库水文地质环境，开展了矿井水中有机质作用下的氨氮、有机氮、硝酸盐氮、亚硝酸盐氮和总氮的迁移转化规律；第8章进一步探讨了煤矿采空区充填煤矸石对矿井水中氟化物和氮素去除的有效性；第9章为结论。研究成果一方面可以丰富矿山水文地质学理论，另一方面可为西部生态脆弱煤矿区高矿化度矿井水的井下处理提供理论和技术支持，对实现现代"煤-水"双资源型矿井建设和开发、黄河流域生态保护与高质量发展具有重要的理论参考价值，应用前景广泛。

本书著者为河南理工大学赵丽和张庆，硕士研究生孙艳芳、孙超、张垒、贾祥腾、孔伟芳、魏伦行、和世昌协助完成了第3至7章部分实验数据和资料的整理工作，硕士研究生黄尚峥、卢宇灿、胡鸿博、高剑和周王旭参与了部分章节的核对工作，全书由赵丽统稿，由张庆进行校对。

本书的研究工作和出版得到2021年度陕西省煤矿水害防治技术重点实验室开放基金项目"煤矸石基吸附剂制备及其在矿井水除氟中的应用技术研究"（2021SKMS04）、2024年国家自然科学基金面上项目"溶胀解离回收碳纤维增强树脂基复合材料及树脂溶胀调控机制研究"（52370135）、2021年度河南省高校科技创新团队支持计划项目"煤系气储层物性定量表征与评价研究团队"（21IRTSTHN007）、河南理工大学博士基金项目"岩石压裂裂隙高温水渗流量和温度对时间的响应机理研究"（B2022-38）和河南理工大学省级重点学科"环境科学与工程"建设经费（722403/019）的资助。同时，本书的相关研究工作得到了中煤科工集团西安研究院有限公司和国家能源集团神东煤炭集团有限责任公司保德煤矿的大力支持和帮助。另外，本书在撰写过程中，引用和参考了大量的文献，在此向文献作者一并表示衷心感谢！

由于著者时间和水平有限，书中不妥之处在所难免，敬请各位读者批评指正。

著　者

2023 年 12 月

目　　录

1 绪 论

1.1 研究背景、目的及意义

我国是世界上煤炭剩余可采储量超过千亿吨的 3 个煤炭大国之一[1]，且国内煤炭需求旺盛，约占全国一次性能源消费的 50％以上，在国民经济中具有重要的战略地位[2]。但是，我国煤炭资源主要以地下开采为主，煤矿开采过程中伴随着大量矿井污水的产生[3]。据统计，我国煤炭开采每年产生矿井水约 70 亿 t，主要来源于地下水、断层水、煤矿生产废水和地表水，含大量氟化物、氮素、溶解性有机物、重金属等有害有毒物质。这些矿井污水大多经过简单处理或不处理就直接外排，不仅对人体健康和生态水环境造成危害，更加剧了煤炭矿区特别是西部地区严重缺水的现象[4,5]。

目前对矿井污水的处理与利用通常是将矿井污水提升至地面进行处理，该处理方式需较大场地，而且基建费用和运行成本较大[6-8]。近些年提出的以"导储用"为思路的煤矿地下水库储存与利用矿井水的理念和技术路线，是实现煤炭现代开采与矿井水资源保护相协调的有效方法。该技术提出了利用井下采空区煤矸石等对矿井污水井下处理与复用工艺[9-12]，矿井污水经采空区矸石等过滤、沉淀、吸附、离子交换和自生矿物等物理化学作用达到净化效果,实现矿井水资源化和可持续利用。目前,在我国西部神东矿区的大柳塔煤矿、补连塔煤矿、榆家梁煤矿、上湾煤矿等 15 个矿区应用了地下水库技术,并建设完成了 35 座地下水库,最大储水量达 3 100 万 m^3[13-15]。通过开展利用井下采空区进行水质净化以及循环利用的"保水采煤"实践[16],在实现了煤炭科学开采与节水-减排矿井水相协调的同时,取得了显著的环境效益和经济效益[16-18]。

西部能源"金三角"(晋陕蒙宁甘)目前为我国煤炭重点开发区域,其探明煤炭储量和产量约占全国的 71.6%,在国家能源战略中具有重要的地位。但该地区水资源总量仅占全国的 3.9%,属重度缺水区,且常年蒸发量为降水量的 6 倍左右。水资源严重短缺将是西部能源"金三角"未来能源可持续开发面临的主要制约因素[1,14,19]。目前,我国西部很多地区排放的矿井水氟化物含量超标,比如内蒙古的补连塔煤矿和乌兰木伦煤矿、山西的保德煤矿、陕西省的大柳塔煤矿、哈拉沟煤矿和榆家梁煤矿以及宁煤等矿区[20-22],矿井水氟化物质量浓度在 1.1~13 mg/L 间,超过了《地下水质量标准》(GB/T 14848—2017)Ⅲ类水体以及《城市供水水质标准》(CJ/T 206—2005) 1 mg/L 的限值要求。含氟矿井水通常由于富氟岩层(如磷灰石、水晶石、萤石等)中的固态氟在水流的物理、化学及生物等作用下,迁移进入矿井水中形成[23]。

基于浅埋深、薄基岩、厚煤层的赋存条件,我国西部矿区往往还排出富含生产污水的矿井水,其氮素(有机氮或无机氮,其中无机氮包括硝酸盐氮、亚硝酸盐氮和氨氮,简称"三氮")含量往往较高,如氨氮、亚硝态氮含量可高达 26.47 mg/L、32.52 mg/L,对应于《地下水质量标准》(GB/T 14848—2017)Ⅲ类水体超标倍数分别为 51.94、31.52,且多具有高矿化度(TDS 在 1 000~10 000 mg/L)的水质特征。

在利用采空区净化矿井水过程中,氟化物和氮素的迁移转化机理如何?

经采空区矸石处理后的矿井水是否能够安全可持续利用？关于这些科学问题的探索，对于揭示采空区处理矿井水过程中污染物的迁移转化机理及开展水质安全评价具有重要意义，可为矿井水科学合理、安全有效的净化处理提供理论依据。

为了全面掌握矿井水中氟化物和氮素在我国西部煤矿采空区充填煤矸石中的迁移转化规律，本书进行了较为系统、深入的研究和阐述。选择国家能源集团神东煤炭集团有限责任公司典型侏罗纪煤田补连塔煤矿和石炭-二叠纪煤田保德煤矿为研究区，以两矿的矿井水和煤矸石为研究对象，对煤矸石和矿井水的理化特征进行了分析测试；通过浸泡振荡批实验，对比分析了煤矸石中氟化物、氮素和溶解性有机质的溶出规律；通过室内柱动态模拟实验，揭示了矿井水中氟化物、氨氮及其他氮素在煤矿采空区充填煤矸石中的迁移转化规律及其影响因素；利用数值模拟方法，阐明了氟化物和氨氮在煤矸石中的吸附特性和机理。

本书的研究内容有助于辨识煤矿地下采空区去除矿井水中污染物的机理，也可对评估露天堆放不同地质年代煤矸石对周围环境的影响提供重要理论依据。研究成果一方面可以丰富矿山水文地质学理论，另一方面可为西部生态脆弱煤矿区高矿化度矿井水的井下处理提供技术支持，对实现现代"煤-水"双资源型矿井建设和开发具有重要的理论参考价值，应用前景广泛。

1.2　国内外研究现状

1.2.1　矿井水的来源和水质特征

矿井水是在煤炭开采过程中，地下水或地表水通过掘进巷道或开采煤层附近的导水裂隙渗进或涌进巷道而形成的[24]。矿井水水质的形成过程和演变机理非常复杂,总体上受自然因素和人类活动双重影响,自然因素主要有:外部气候、煤岩矿物成分、水文地球化学环境、矿区水文地质构造等[25]。矿井水主要来源于地表水或地下水,但是由于受到水文地质条件、水动力条件、矿床构造条件、采煤方式以及人类活动等综合因素的影响,具有明显的煤炭行业特征[26,27]。以水质特征和污染组分类型为依据,矿井水可划分为6种类型:洁净矿井水、常规组分矿井水、酸性矿井水、高悬浮物矿井水、高矿化度矿井水及含特殊组分矿井水[28]。

洁净矿井水一般为未受污染或者污染程度较低的地下水[29]。常规组分矿井水包括 Ca^{2+}、Mg^{2+}、K^+、Na^+、Cl^-、HCO_3^-、SO_4^{2-} 等离子,这些离子浓度都在环境质量阈值以下。酸性矿井水 pH 值比较低,通常在 2~4 之间,一般含有硫酸盐和大量的重金属离子等污染物[30]。高悬浮物矿井水 pH 值普遍呈中性,而且矿化度较低,由于煤矿开采影响,大量煤尘和岩粉被带入其中成为水中的悬浮物,此类水分布较广[31]。高矿化度矿井水 pH 值一般呈中性,矿化度最高可达 15 000 mg/L。含特殊组分矿井水主要含有对人体危害极大的放射性元素以及铁、锰等重金属离子,此类矿井水无法治理与利用[32]。高氟矿井水氟离子质量浓度大于 1.0 mg/L,其水质一般呈弱碱性或碱性。

不同岩层复杂的矿物成分对矿井水水质具有重要影响,煤岩中常见的矿物包括硅酸盐矿物、硫化矿物、碳酸盐矿物[33],受长期的水-岩作用影响,这些矿物质会逐渐溶解进入地下水,导致地下水中富含 K^+、Na^+、Mg^{2+}、Cl^-、HCO_3^-、SO_4^{2-}、Mn^{2+} 等离子。由于不同矿区地下水的硬度、酸碱度以及水化学环境等差异较大,故而影响着矿井水的水质特征。

1.2.2　高氟矿井水成因和危害

岩石矿物和土壤中的氟通过长期的水-岩作用能溶解于水中,从而导致地下水中氟含量超标。氟是人体必需的微量元素,适量摄入有益健康,但长期过量摄入会引发氟斑牙、氟骨症,甚至造成氟中毒或神经损伤等疾病,威胁人类健康[34-36]。据统计,世界上约有 2 亿人、中国约有 400 万人长期饮用高氟地下水,因此地下水中氟污染问题已成为国内外学者关注的热点问题。世界卫生组织规定饮用水中氟的标准限值为 1.5 mg/L[37],而我国《生活饮用水卫生标准》(GB 5749—2022)规定氟的标准限值为 1.0 mg/L[38],超出该限值即为高氟水。

郝春明等[21]采集了神东矿区 62 组矿井水样品,利用数理统计、离子比及因子分析等方法,探究神东矿区高氟矿井水的成因。结果表明高氟矿井水的主要水化学环境呈偏碱性、高 HCO_3^-、高 Na^+、高 TDS 以及低 Ca^{2+} 含量特征,含氟矿物的溶解是矿井水中 F^- 的主要来源。王甜甜等[39]以蒙陕接壤区某矿井为研究对象,采集了 34 组地下含水层岩样和 71 组地表水、地下水和矿井水水样,通过检测分析,借助 piper 三线图、岩石 SEM-EDS(扫描电子显微镜/能量色散 X 射线谱)以及离子关系图等探究高氟矿井水的形成机制。研究发现岩样中氟含量较高且含氟矿物氟磷灰石、角闪石等的溶解是造成地下水中 F^- 富集的主要原因,此外伊利石、绿泥石等黏土矿物表面的氟解吸作用以及地下水中 Na^+ 与 Mg^{2+}、Ca^{2+} 阳离子交换吸附作用也会导致水中 F^- 浓度的升高。张伟等[40]以内蒙古布尔台煤矿为研究区,在实地勘探和水文地质调查的基础上,采集矿井水样品 16 组并分析其中的 F^- 含量及水化学特征,对高氟水的成因进行了探究。主要结论为:高氟矿井水偏碱性,主要水化学类型为 $Na \cdot HCO_3\text{-}Cl$、$Na \cdot HCO_3$ 和 $Na \cdot HCO_3\text{-}SO_4$ 型。

萤石等含氟矿物的溶解是矿井水中 F^- 的主要来源,而阳离子交换作用、蒸发浓缩以及 HCO_3^- 的竞争吸附也会直接或间接促进矿井水中 F^- 的富集。

综上所述,高氟矿井水的成因复杂,受地质环境条件影响,含氟较高的岩石在长期的水-岩作用下,会有较多的 F^- 溶于地下水中,偏碱性、高 HCO_3^- 及低 Ca^{2+} 含量等的水环境也有助于 F^- 的富集,且蒸发浓缩、竞争吸附以及阳离子交换作用等可进一步提升水中 F^- 浓度。矿井水及地下水中较高浓度的 F^- 已经严重影响矿区居民的饮水安全及正常的生产生活。另外,我国很多煤矿位于水资源匮乏的生态脆弱区,这些地区的含氟高盐矿井水如果仅经简单处理就排放,势必还会引起土地盐碱化、植被破坏和水源地污染等问题[41]。高氟矿井水已成为威胁矿区居民饮用水安全和制约水资源循环利用的重要问题。

1.2.3 煤矸石中氟化物、氮素和有机质的溶出

截至目前,已有众多学者对煤矸石中 F^- 淋溶特性及对周围环境的影响做了相关研究。如潘忠德等[42]通过浸泡实验发现煤矸石释放的首要污染物为 F^-,在降雨作用下污染物的释放呈现波动性;段磊等[43]对陕西韩城矿区二叠纪和黄陵矿区侏罗纪煤矸石中氟的赋存特征及潜在生态风险进行研究,发现两矿区煤矸石中氟赋存形态均以次生相(水溶态、离子交换态、无定形铁铝结合态、结晶铁铝结合态和有机结合态)为主,其中又以水溶态氟质量占比最高,且煤矸石堆放时间越长,土壤及地下水受氟污染的风险越大。李成城等[44]以山西省阳泉市阳煤集团长期堆置的煤矸石为研究对象,对煤矸石中氟的浓度水平和形态特征进行了研究,结果表明:研究区煤矸石中全氟含量平均值为 364.87 mg/kg,远高于 200 mg/kg 的全球土壤氟含量平均水平;不同岩性的煤矸石中全氟含量(平均值)的排序为泥质砂岩＞砂质泥

岩＞泥岩＞砂岩＞石膏岩;煤矸石中不同形态氟的含量排序为残余态＞无定形铁铝结合态＞有机结合态＞水溶态＞可交换态＞结晶铁铝结合态。张泰芳[45]以潘谢矿区新老煤矸石为研究对象,设置时间梯度并模拟自然雨水条件开展浸泡实验,发现各类煤矸石浸泡液中氟的浸出均呈上升趋势,因此煤矸石淋溶过程氟的释放和迁移会对土壤和水环境产生一定风险。

煤矸石中的氮主要以 3 种形式存在:① 存在于煤屑或有机质中的有机氮;② 存在于黏土矿物(主要为铵伊利石)晶格中的固定氮;③ 离子状态吸附于矿物表面的氮(NH_4^+-N、NO_3^--N 和 NO_2^--N)。煤矸石中的各种氮素在雨淋风化过程中,有可能会被淋滤出来,进入地表水体和土壤,对周围环境产生污染。关于煤矸石中氮素的溶出机理和行为,许多学者进行了大量实验研究并取得显著成果。刘钦甫等[46]对山西长治南寨煤矿和河南焦作朱村煤矿矸石滤出液中氮素的溶出行为进行了分析,发现煤矸石矿物表面吸附的硝态氮易溶于水中,而煤矸石铵伊利石矿物晶格中固定氮的溶出是一个持续缓慢的过程,通常在矸石山周围积水中具有较高的氮含量,从而对周围土壤、地表水和地下水水质产生影响[47]。赵洪宇等利用新型的动态循环淋溶装置,测试了塌陷区水体在经过煤矸石后淋出液中 TON、NH_4^+-N 等指标,研究发现 NH_4^+-N 对 TON 的溶出贡献率较低,但浓度均随淋溶时间增加而升高[48-49]。赵丽等[12,50-51]在模拟地下水库矸石对矿井水的处理效果时发现煤矸石中氨氮及硝态氮的溶出均随淋溶时间的增加而降低。

郑永红等[52]研究了淮南矿区煤矸石风化物特性及有机碳的分布特征。Li 等[53]以河北开滦煤矿为例,分析了新鲜和风化矸石中有机碳和腐殖酸的含量和组成,研究结果表明样品中的腐殖质主要由脂肪族碳和芳香族碳组成。樊景森、Sun、骈炜、王新伟、Fan 等对煤矸石堆中有机物组成进行了报道,发现样品中芳香族有机化合物含量较高,在煤矸石堆周围土壤、浅层地下水及地表径流中均检出多种致癌多环芳烃(PAHs),表明煤矸石山对周围环境已造成一定的有机污染,且距离煤矸石山越近多环芳烃含量越高,煤矸石对矿区土壤环境中 PAHs 具有面源贡献的特点,应加强重视[54-58]。

1.2.4 氟化物和氮素在地下水中的迁移转化

1.2.4.1 地下水溶质迁移理论及软件应用

从 20 世纪 50 年代开始,为了揭示溶质在含水介质中的迁移理论,很多专家学者开展了一系列的实验研究。1953 年,Taylor 采用圆柱状毛管的物理模型进行溶质迁移实验,推导出关于弥散系数的表达式,奠定了对流-扩散理论基础。Bear 将试验改进,并推导出弥散系数的另一种表达式,说明弥散系数受到流速、介质孔隙度等多种因素的影响。此后,Bigger 等许多学者通过数次实验,阐明了溶质在多孔介质中对流、扩散和化学反应的耦合关系,基于此形成了溶质迁移的基本理论——水动力弥散理论[59-61]。

在均匀介质中,反应性溶质的迁移模型有 CDE 模型、一点吸附和降解的溶质运移模型、双点吸附和降解的溶质运移模型等[62-64]。对于均匀介质,CDE 模型得到的拟合结果较好,但在许多实验中发现,在非均质介质中溶质会产生非费克运移现象,对于这种溶质迁移的不确定性,常用的模型有分数微分对流弥散理论和连续时间随机游走理论[65-69]。

目前的地下水溶质迁移模拟软件有很多,总体来说有解析法软件和数值法软件两种[70]。目前被广泛使用的模拟软件有 MODFLOW、MODP-ATH、MT3D、FEMWATER、RT3D、SEEP2D、GMS 等,CXTFIT2. 1 和 HYDRUS-1D 是室内模拟实验使用较多的软件。CXTFIT 2.1 为美国盐渍土实验室(U. S. Salinity Laboratory)研制的软件,可预测室内外示踪实验中在孔隙介质中以 CDE 模型为基础的包含有非反应性、吸附及降解性等的溶质运移参数和浓度变化,并能进行模型反演求解和参数估计,验证控制方程的适用性。由国际地下水模型中心发布的 HYDRUS-1D 软件可以对包气带水分、盐分迁移规律进行数值模拟[71]。

在国内,隋淑梅[72]利用有限元模拟软件建立了垃圾渗滤液中氨氮在地下水中运移的动力学模型,其在地下水中可发生对流、扩散、吸附和硝化等诸多作用过程;师亚坤[73]采用室内实验、野外监测和数值模拟等方法对江水入渗地下水时 NH_4^+-N 的迁移转化规律及流速影响进行了研究;赵春兰等[74]采用 MODFLOW 和 MT3D 建立数学模型,对某垃圾填埋场渗滤液中氨氮的迁移过程和浓度变化进行了模拟;张庆等[75]则采用 CXTFIT2.1 对 NH_4^+ 在热储层中的运移过程进行了拟合研究,研究结果表明双点位吸附模型可以较好地描述 NH_4^+ 的运移过程,岩土对氨氮的阻滞系数较大,这与较低的达西流速及岩样中的蒙脱石黏土矿物成分有关;Zhao 等[76]采用 CXT-FIT 2.1 中的 CDE 模型模拟了达西流速为 2.27 cm/h、20 ℃ 和 40 ℃ 时,NH_4^+ 在明化镇组热储层中的穿透曲线,结果表明 CDE 模型可以很好地描述其运移过程,温度升高,溶质的水动力弥散系数增大,而 NH_4^+ 的阻滞系数减小;高绍博[77]利用 MT3DMS 模型模拟了氨氮在地下水中的运移过程,采用反复试错法对模型进行校正,得到了氨氮的运移参数,结果表明氨氮的运移主要受地表水体的控制以及地势的影响;陈铭[78]通过 GMS 软件对某电厂地下水氨氮的运移规律进行了数值模拟研究,结果表明氨氮运移过程呈椭圆形扩散;Zhang[79]通过 CXTFIT2.0 对氨氮在砂壤土中的迁移特性进行研究,结果表明 CDE 模型可以很好地描述饱和稳流中氨氮的纵向运移过程;Mazloomi 等[80]采用批实验和土柱实验研究了无机改良剂的使用量对氨氮吸附和迁移的影响,并使用 HYDRUS-1D 对 NH_4^+-N 的淋溶过程进行模拟,模拟结果表明,ADE 模型可以很好地描述 NH_4^+-N 的迁移行为。

1.2.4.2　吸附行为研究

吸附是指流体与多孔物质接触时,流体中的一种或多种组分传递到多孔物质外表面和微孔内表面并附着在这些表面上形成单分子层或多分子层的过程。目前,针对污染物吸附行为的描述主要是通过动力学和热力学两个方面来阐述。国内外诸多学者研究表明,通过热力学和动力学实验对液-固两相界面污染物的行为过程进行探讨,这是研究吸附过程的重要和有效方法。

1. 吸附动力学

吸附动力学研究的是吸附质随时间变化的动态过程,通常从时间尺度考察反应速率与反应过程,常用的有准一级和准二级动力学反应速率方程、颗粒内扩散模型、Bangham(班厄姆)孔隙扩散模型。其中准一级动力学、准二级动力学以及颗粒内扩散模型作为经典模型,可用于研究煤矸石对氨氮吸附过程所遵循的规律。前两者可以预测达到理论吸附平衡后煤矸石对氨氮的最大吸附量,颗粒内扩散模型可以判断在吸附过程中,内扩散是否是主要因素,班厄姆模型的拟合度可以表明氨氮在孔道内扩散的实际情况。

(1) 准一级动力学反应速率方程[81-82]

$$q_t = q_m[1 - \exp(-k_1 t)] \tag{1-1}$$

$$\ln(q_m - q_t) = \ln q_m - \frac{k_1}{2.303}t \tag{1-2}$$

式中　q_m——吸附剂对吸附质的理论饱和吸附量,mg/g;

　　　　q_t——在时间 t 内的吸附量,mg/g;

　　　　k_1—— 一级吸附反应速率常数,h^{-1}[83]。

在离子交换动力学中,如果控制步骤是化学反应,则 $\ln(q_m - q_t)$ 和 t 之间是线性关系,万大娟研究了土壤固定态铵固定和释放的动力学特性,发现准一级动力学可以很好地描述铵的固定和释放过程[82]，其他学者在铵的释放动力学的研究中也得出了这样的结果[84]。Sparks 发现准一级动力学模型可以很好地描述含高岭石的土壤介质对钾离子的吸附过程[81]。

（2）准二级动力学反应速率方程

$$\frac{t}{q_t} = \frac{1}{k_2 q_m^2} + \frac{1}{q_m} t \tag{1-3}$$

式中　q_m——吸附剂对吸附质的理论饱和吸附量，mg/g；

　　　q_t——在时间 t 内的吸附量，mg/g；

　　　k_2——二级吸附反应速率常数，g/(mg·h)[85]。

对于准二级动力学方程，认为反应速率受控于化学吸附，或者吸附介质与溶质之间的化学作用力应用广泛。根据准二级动力学反应速率模型可以计算有效吸附量等参数，而在很多吸附的系统中，准二级动力学反应速率模型的拟合都得到了较好的结果。

（3）颗粒内扩散模型：

$$q_t = k_3 t^{\frac{1}{2}} + a \tag{1-4}$$

式中　q_t——在时间 t 内的吸附量，mg/g；

　　　k_3——颗粒内扩散速率常数，mg/(g·h^{0.5})；

　　　a——常数。

颗粒内扩散模型一般用来说明反应中的控制方式，式中的内扩散常数可以表明吸附反应过程。而介质的吸附分为表面吸附和孔道扩散两个过程，直线不经过原点即常数 a 不等于零，则说明内扩散不是控制此吸附过程的唯一方式。

（4）Bangham(班厄姆)孔道扩散模型[86]

$$\ln\left(\ln\frac{q_m}{q_m - q_t}\right) = \ln k_4 + z\ln t \tag{1-5}$$

式中　　q_m——平衡吸附量,mg/g;

　　　　q_t——在时间 t 内的吸附量,mg/g;

　　　　k_4——班厄姆模型吸附反应速率常数,h^{-z};

　　　　z——吸附常数。

班厄姆模型可以说明吸附质在吸附剂孔道内扩散及吸附现象[87]。当班厄姆拟合曲线中相关吸附 R^2 大于 0.99 时,表示孔道扩散模型能较好地表示系统实际吸附作用情况[87]。

2. 等温吸附研究

等温吸附研究是广泛使用的一种热力学方法,研究在一定的条件下吸附质在固液两相间的分配特征与吸附机理。主要通过应用理论和经验模型,对等温吸附曲线进行拟合,并计算出相关参数进行分析讨论,进而研究吸附剂对吸附质的吸附量以及吸附方式。建立合适的吸附模型,可以帮助理解吸附介质的表面特征,从而在一定程度上解释吸附机制[87]。等温吸附模型在评价包气带中污染物的吸附特征以及研究污染物在地质环境介质中的迁移等方面都有重要的意义[88]。等温吸附中较为重要的模型有 Langmuir 模型、Freundlich 模型、Redlich-Peterson 模型、Temkin 模型、BET 模型等[89],其中 Langmuir 和 Freundlich 吸附等温方程已广泛应用于吸附机理的探究。

Langmuir 模型自 1918 年被提出来之后[89],在此基础上又演化出了许多经典的吸附模型,该模型反映的是理想反应状态下单分子层的吸附理论,并有以下 4 个假设条件[90,91]:

① 吸附方式是单分子层吸附;

② 吸附质与吸附剂接触表面是均匀的,所有的吸附点位均相同;

③ 介质中出现局部吸附现象,在吸附剂表面出现很多吸附中心,被吸附

的溶质分子间没有相互作用；

④ 吸附是动态平衡，即吸附和脱附过程同时存在。

Freundlich 模型是 1985 年由 Boedecker 提出的吸附等温式[92]，作为重要的表面吸附模型公式，被广泛地用于探讨溶液中溶质在固体表面上的吸附规律。与 Langmuir 吸附模型一样的是，它也认为吸附同时存在物理和化学吸附过程，不一样的是，Freundlich 模型认为吸附剂表面是不均匀的，表面吸附中心的活性存在区别，吸附也不一定为单分子层吸附[87]。不同的模型，推导所选的吸附系统和假设条件等均不相同，所以各系统在描述介质吸附机理过程中也就存在差异。Langmuir 模型对于化学与物理吸附共存的机理系统一般都比较适合，特别是描述均匀表面的单分子层吸附；而 Temkin 模型使用有局限性，一般只适用于化学吸附；BET 模型多用来描述多层物理吸附。针对氨氮的吸附，国内外大量研究中主要使用 Langmuir 和 Freundlich 模型进行描述[85-88,93]。

Langmuir 等温吸附模型应用最为广泛，本身基于固相对气相的单分子层吸附理论，现也多用于描述液相中固相介质对溶质的吸附理论，而模型前提假设介质表面均匀且为单分子吸附，具有最大饱和吸附量，其一般适用于化学吸附与物理吸附，特别是描述均匀表面的单分子层吸附[85]。其表达式为：

$$q_e = \frac{q_m k C_e}{1 + k C_e} \tag{1-6}$$

$$\frac{C_e}{q_e} = \frac{1}{k q_m} + \frac{C_e}{q_m} \tag{1-7}$$

式中　q_m——吸附剂对吸附质的理论饱和吸附量，mg/g；

　　　q_e——吸附剂对吸附质的平衡吸附量，mg/g；

　　　C_e——吸附质在溶液中达到吸附平衡时的浓度，mg/L；

k——吸附常数，一般认为是与吸附质和吸附剂的键合能有关的常数。

其中 q_m 和 k 可通过对 C_e/q_e 与 C_e 的线性最小二乘拟合，结合拟合直线的斜率和截距计算得出。

Freundlich 等温吸附模型常用于描述非均匀介质表面的吸附，此类介质表面具有不同的吸附点位，且不同吸附点的吸附能不同，并且吸附能随覆盖度的增加呈指数降低。其表达式为：

$$q_e = kC_e^{1/2} \tag{1-8}$$

$$\ln q_e = \ln k + \frac{1}{n}\ln C_e \tag{1-9}$$

式中　　q_e——吸附剂对吸附质的平衡吸附量，mg/g；

　　　　C_e——吸附质在溶液中的吸附平衡浓度，mg/L；

　　　　k——吸附常数。

其中 k 可表征矸石对氨氮的吸附作用力强度，值越大，吸附作用力越强[93]。n 值表明了模型对此研究实验吸附系统的适用程度，当 n 大于 1 时表明系统适用 Freundlich 模型描述[87]。

1.2.4.3　F⁻在地下水中的迁移

氟在自然界广泛存在，是电负性最强的元素[94]。刘璇等[95]针对吉林西部湖泊底泥中氟污染严重情况，利用土壤的连续分级浸提法，对吉林西部湖泊底泥中的氟在自然状态下及不同 pH 值下进行逐级提取，研究底泥中氟的赋存形态及其在水土体系中的迁移转化行为。研究发现可交换态氟与水溶性氟浓度与 pH 值正相关；铁锰结合态和有机束缚态的氟化物含量与溶液的 pH 值负相关；残渣态氟化物与 pH 值关系不明显；碱性条件下，可交换态氟、铁锰结合态和有机束缚态氟都会向水溶态氟转化。朱其顺等[96]以安徽淮北平原为研究区,采用分层充填法模拟土壤地层结构,通过注入 NaF 示踪剂,再以去离子水进行驱替的方法研究 F^- 在土壤中的迁移过程。其结果显示:同一时间,不同深度,F^- 在迁移过程中的浓度峰值沿程逐渐衰减,穿透曲线出现严重拖尾现象;不同时间,同一深度,F^- 浓度呈指数递减规律。张红梅[97]采用垂直土柱易混置换法,探究了不同的溶质添加方式以及土壤类型对 F^- 在土中运移规律的影响,主要结论为:同时注入 NaF 和 NaCl 混合溶液要比单独注入 NaF 溶液的达峰时间更长且浓度峰值较低;溶质在黏粒含量较高的土中的水动力弥散系数和阻滞系数更大。

1.2.4.4　地下水中氮素的迁移转化

氮素在地下水中的迁移转化过程较为繁杂,涉及物理、生物和化学反应等过程,地下水环境中的氮素来源主要有以下途径:一是受到氮素污染的地表水补给地下水,从而将氮素带入含水层中;二是含氮废水随水下渗进入含水层。氮素在地下水的主要赋存形态为:NO_3^--N、NO_2^--N、NH_4^+-N[98,99]。氮素的迁移转化过程通常包含两个方面,一个是物理迁移过程;另一个是微生物主导下的氮素转化过程。不同形态的氮在微生物作用下可以相互转化,且由于氮素转化过程和机理十分复杂,目前还没有被完全认识清楚[100,101]。

氮素的物理迁移过程可以利用吸附理论进行解释。吸附-解吸是氮素在水-岩体系中重要的循环过程,易受多种因素的影响,如时间、温度、静水压力、初始浓度等[102-104]。张娟[105]利用细砂对"三氮"的吸附-解吸特性进行研究,结果表明 NH_4^+-N 以吸附作用为主,而 NO_3^--N 和 NO_2^--N 以溶解释放为主。阿丽莉[106]利用明化镇组热储层细砂,探讨了温度对 NO_2^--N 的吸附作用,结果表明温度的升高,该介质对 NO_2^--N 的吸附量减小,且所发生的吸附作用对 NO_2^--N 在热储层细砂中迁移转化过程影响较小。

氮素的生物化学转化过程是在微生物的主导作用下进行的,其影响因素主要有温度、pH、C/N比、DO等[107]。氮素转化途径主要有矿化作用、硝化作用、反硝化作用、硝酸盐异化还原为铵等。

(1) 硝化作用

经典硝化理论认为硝化作用分为两个阶段,第一阶段是氨氧化过程,NH_4^+-N 在氨氧化细菌(AOB)作用下转化为 NO_2^--N,见式(1-10);第二阶段是亚硝酸盐氧化过程,NO_2^--N 通过亚硝酸盐氧化菌(NOB)转化为 NO_3^--N,见式(1-11)。

$$NH_3 + 1.5O_2 \longrightarrow NO_2^- + H_2O + H^+ \qquad (1-10)$$

$$(\Delta G = -274.7 \text{ kJ/mol})$$

$$NO_2^- + O_2 \longrightarrow NO_3^- \qquad (1-11)$$

$$(\Delta G = -74.1 \text{ kJ/mol})$$

硝化作用根据微生物的不同,分为自养硝化作用和异养硝化作用。在自养硝化过程中,当第一阶段中 NO_2^--N 产生的速率超过第二阶段中 NO_2^--N 的消耗速率时,NO_2^--N 就会发生积累现象。Burns[108]等研究发现自养硝化作用对 NO_2^--N 积累的相对贡献会随时间而发生变化,而且较高的 NH_4^+-N 和 pH 值会抑制硝化作用的第二阶段,降低 NO_2^--N 氧化为 NO_3^--N 的速率。Breuer 等[109]研究表明在澳大利亚热带雨林生态系统中,土壤硝化作用和温度存在显著的相关性。杨岚鹏等[110]研究 pH 值分别在 6.5、5.5、4.5 的条件下浅层地下水中"三氮"的迁移转化情况,结果表明 pH=6.5 位于硝化作用和反硝化作用的最佳 pH 范围内。

(2) 反硝化作用

反硝化作用是反硝化微生物在厌氧环境下将 NO_3^--N 还原成 NO_2^--N,再将 NO_2^--N 还原为 NO、N_2 等气体的过程,其具体反应过程为:$NO_3^- \rightarrow$

$NO_2^- \rightarrow NO \rightarrow N_2O \rightarrow N_2$。反硝化微生物分为异养型微生物和自养型微生物，两者区别主要为电子供体以及引起的生化反应过程不同。异养型微生物生化反应式，见式(1-12)和式(1-13)，自养型微生物生化反应式，见式(1-14)。

$$C_6H_{12}O_6 + 12NO_3^- \longrightarrow 6H_2O + 6CO_2 + 12NO_2^- + 能量 \qquad (1-12)$$

$$5CH_3COOH + 8NO_3^- \longrightarrow 6H_2O + 10CO_2 + 4N_2 + 8OH^- + 能量$$
$$(1-13)$$

$$5S + 6KNO_3 + 2H_2O \longrightarrow 3N_2 + K_2SO_4 + 4KHSO_4 \qquad (1-14)$$

反硝化微生物对环境因子变化比较敏感，某种环境因子的变化会导致反硝化作用中 NO_2^--N 的积累。反硝化作用作为一种厌氧的微生物过程，其中亚硝酸还原酶对 O_2 十分敏感，当含水层中 O_2 浓度抑制亚硝酸还原酶时，NO_2^--N 的还原速率降低，导致反硝化作用中 NO_2^--N 的积累[111]。同时有研究表明，NO_3^--N 浓度、pH 和碳源等也会对反硝化作用产生影响。在 NO_3^--N 浓度较高的条件下，亚硝酸还原酶的活性会受到抑制，NO_2^--N 进一步还原为 NO 的过程也会被抑制[112]。赵丽[113]等研究深埋孔隙型地热水的水化学特征及反硝化作用时发现在碳源缺乏的还原环境下，硝酸盐的不完全反硝化作用易生成亚硝酸盐。

（3）硝酸盐异化还原为铵（DNRA）

DNRA 与反硝化作用类似，都是在厌氧环境条件下发生反应。DNRA 反应分为两个阶段：一是 NO_3^--N 被还原为 NO_2^--N；二是 NO_2^--N 在亚硝酸盐还原酶的作用下还原为 NH_4^+-N。在 DNRA 的第一个阶段中若电子供体不足，会导致 NO_2^--N 的积累。反硝化作用和 DNRA 作用经常同时发生，无论是在竞争环境中的碳源和 NO_3^--N 方面，还是在能量产出方面，DNRA 均处于弱势，但依旧不能忽视其在地下水环境氮循环中的作用[114,115]。

氨氮吸附的影响因素有吸附介质粒径大小、氨氮浓度大小、与溶液接触时间、pH、温度等。有研究表明:沉积物胶体粒径越小、含量越高、与溶液接触时间越长且环境 pH 值越大对氨氮的吸附能力越强[116,117]。

1.2.5 矿井水中污染物在煤矿采空区充填煤矸石中的迁移转化和去除

目前已建设的煤矿地下水库是利用煤矿超大工作面开采遗留的采空区经人工修建为储水空间,利用煤柱或者人造墙体作为坝体兴建的一种具有保护矿井水资源、联动调节地下径流的特殊人造地下水库[118]。地下水库主要由采空区、安全煤柱、人工坝体及取用水设施等组成[119]。其建设的原理就是将煤炭开采过程导致的地下水、沿含水层与隔水层间的导水通道渗漏运移至井下形成的矿井水储存于采空区中,同时将井下的生产污水回灌到采空区中,防止因矿井水外排而造成水资源蒸发损失;最终通过填充煤矸石的过滤、吸附、沉淀、离子交换等功能实现自然净化[120,121],实现水资源的保护和循环利用价值(图 1-1)。

图 1-1 煤矿地下水库建设原理(文献[19])

针对煤矿采空区中煤矸石对于矿井水中污染物的净化效果和机理,有关学者结合水-岩耦合作用机理,分析了煤矿采空区充填煤矸石对矿井水的过滤、沉淀和吸附等作用[121-124]。

(1)采空区的沉淀作用

将超大工作面留下的采空区作为预处理矿井水的地下水库,有存储容量大、水平流速小、停留时间长、沉淀效果好的优点。

(2)采空区的过滤作用

由于采空区煤矸石的岩性主要为砂质泥岩、粉砂岩等,神东矿区大部分矿井采用全部垮落法处理顶板,当发生采动时可造成垮落矸石的缝隙和孔隙进一步发育,而垮落的煤矸石中泥岩易泥化可充填空隙,且泥岩中含有一定的黏土矿物,吸附能力强,有利于矿井水悬浮物的净化。此外,采空区煤矸石中存在的煤灰等颗粒及砂岩颗粒,硬度较小,孔隙率大,具有较大的纳污能力,也能去除水中的悬浮物。

(3)采空区的生化和吸附作用

矿井水在采空区煤矸石沉淀、过滤、净化过程中,生化和吸附作用也是去除污染物和有机物成分的重要环节。主要通过采空区煤粉与水中污染物反应生成化学沉淀物,矸石中的黏土矿物对水中阳离子具有吸附作用,采空区微生物可以氧化、分解、吸附水体中的有机物,从而使矿井水得到净化[124]。此外,在工作面采空区内,因煤炭开采过程中形成大量不同种类的微生物,它们的代谢过程可以充分氧化、分解、吸附矿井水中的有机物,使矿井水得到充分净化[19, 123]。

蒋斌斌等以神东矿区大柳塔煤矿在用的 3 座地下水库为研究对象,采集了 3 个进水、4 个出水及 1 个裂隙水水样,通过对采集水样中有机物及重金属含量进行测试,分析地下水库岩体对水体中污染物的去除效果。研究结果表明:大柳塔煤矿地下水库采空区岩体组分中,黏土矿物含量约占 35%,有较强的吸附能力。充填岩体对水中悬浮物(SS)、COD、Fe 和 Mn 的去除率可分别达到 80%～93%、38%～61%、68%～100%、75%～99%,污染物去除效果较好[124]。

于妍、杨建等通过对煤矿地下水库进、出水溶解性有机质(DOM)的含量、组成结构变化特征等分析发现,煤矿地下水库对矿井水 DOM 有着较好的预处理效果,可通过"采空区＋常规处理＋深度处理"的井上下联合处理工艺,对矿井水中 TOC 和水中大分子有机物的平均去除率可达 60% 以上;常规处理工艺对 F^- 的去除率为 11.90%～35.21%,铁锰离子则能完全被去除[125,126]。

何绪文、邵立南等通过水槽室内模拟实验研究发现高浊高铁锰矿井水中铁、锰因被采空区充填物吸附而被去除,并建立了基于 CDE 模型的铁、锰一维溶质运移模型。结果表明:采空区充填物对铁和浊度的去除效果比锰好,pH 值对去除铁和锰影响很大,利用采空区处理中性和偏碱性矿井水可作为矿井水的一种预处理方法[127,128]。

1.3 存在的问题

纵观以上煤矿采空区(地下水库)污染物迁移转化及溶出释放规律的研究成果与进展,可以发现,目前主要存在以下几个方面的问题。

(1) 煤矿采空区净化处理矿井水的煤矸石中氟化物、氮素及有机质的溶出动态变化特征缺乏定量分析及更加具体的定性描述。氟化物、氨氮、硝态氮、亚硝态氮作为地下水水质监测的重要指标,煤矸石中这些物质的溶出会对矿井水水质及这些物质在采空区迁移过程造成怎样的影响?亟需开展这方面的研究,以明晰这些物质对矿井水中特征污染物氟化物和氮素在采空区预处理过程中的迁移转化影响。

(2) 已有学者对煤矿采空区充填煤矸石对矿井水的过滤、沉淀和吸附作用开展了相关研究。研究发现通过这些作用,矿井水中 SS、COD、DOM、Fe

和 Mn 等污染物可以较好地被去除。由于我国西部干旱半干旱煤矿区矿井水中生产废水量大,并且地下含水层岩土介质氟含量往往较高,从而导致该区域很多矿区矿井水氮素和氟化物含量较高。目前对于我国西部矿区地下采空区进行矿井水预处理过程中的氨氮以及氟化物的迁移转化规律和去除效果的研究少有报道。

(3) 数值模拟可以有效预测污染物浓度的时空变化规律,为了保障研究区地下水库的安全正常运行和有效防控地下水污染,亟需开展煤矿采空区充填煤矸石中氟化物和氮素的迁移转化数值模拟研究,这对于有效评价煤矿采空区预处理矿井水的效果和环境影响具有重要意义。

2　研究区概况

2.1　补连塔煤矿

2.1.1　自然环境

　　补连塔煤矿是神东中心矿区煤田之一,位于我国西北地区东部,鄂尔多斯盆地中东部及边缘地区。具体位置为内蒙古自治区西南部鄂尔多斯市伊金霍洛旗乌兰木伦镇政府西南。矿区南与上湾煤矿、马家塔露天煤矿相接,西与呼和乌素煤矿及尔林兔煤矿相连,北与李家塔煤矿交界,东面相邻的煤矿有石圪台煤矿、瓷窑湾煤矿、前石畔煤矿、哈拉沟煤矿。

　　补连塔煤矿位于乌兰木伦河一级阶地的西缘,矿区内大部分地区表面为风积沙覆盖,植被稀少,沿乌兰木伦河的河谷区及其支流形成河流堆积类型,西部地形较平坦、开阔,主要为沙漠、滩地;东部梁峁起伏,沟道密集,主要为黄土丘陵沟壑。矿区范围内多数地区呈风沙地貌,被流动沙丘和固定沙丘所覆盖(图 2-1)。地形相对较平缓,总体呈北高南低、西高东低之势,最大高差 248 m,矿区以补连沟与乌兰木伦河交界处为侵蚀基准面,海拔 +1 130 m 左右,区内地形切割较为严重,沟谷发育,沟谷两侧的梁地地形相对平缓。

图 2-1　矿区风沙地貌图

　　矿区气候属典型的半干旱、半沙漠的高原大陆性气候,冬季严寒、夏季炎热、春季多风、秋季凉爽,四季冷热多变,昼夜温差悬殊。全年干旱少雨,蒸发量大,降雨多集中在 7～9 月份,多年平均降雨量 400 mm 左右,平均蒸发量 2 000 mm 左右。全年无霜期短,一般 10 月份上冻,次年 4 月份解冻。夏季最高气温可达 40 ℃,冬季最低气温降至－30 ℃。

2.1.2　生产概况

　　补连塔煤矿是国家能源集团神东煤炭集团有限责任公司主力生产矿井之一,是依据"一井、两面、五百人、两千万吨"模式开发建设的目前世界第一大单井井工矿井。井田面积为 106.6 km²,核定生产能力每年 2 800 万 t,预计可采储量为 12.24 亿 t。矿井主要开采 1⁻²、2⁻²、3⁻¹ 煤层,3 个主采煤层分别位于侏罗系中统延安组上段、中段顶部和中段中下部,1⁻² 煤层厚 0.2～6.48 m,平均 3.18 m,2⁻² 煤层厚 4.67～8.18 m,平均 6.65 m,3⁻¹ 煤层厚 2.28～4.3 m,平均 3.27 m。1⁻² 煤层与 2⁻² 煤层间距平均为 36.21 m,2⁻² 煤层与 3^{-1} 煤层间距平均为 30.45 m。矿井地质条件简单,煤层赋存稳定,是鄂尔多斯煤制油主要供煤基地,年供煤量 470 万 t。

2.1.3 井田地质

补连塔煤矿煤田属于鄂尔多斯沉积盆地中生代含煤构造——陕蒙侏罗纪煤田的一部分,地层区划属于华北区陕甘宁盆地分区。根据研究区所处位置的地层及鄂尔多斯沉积盆地中生代含煤构造特征,将矿区地层从老到新依次划分为:三叠系上统永坪组,侏罗系中下统延安组、中统直罗组、安定组,上侏罗系至下白垩系中上统志丹群,第三系及第四系上更新统-全新统,具体地层分布及其岩性特征见表 2-1。

表 2-1 补连塔煤矿井田地层情况

地层单位		岩性特征
第四系	全新统	第四系松散层:残坡积砂砾,次生黄土冲积砂砾层,以及现湖泊沉积物
	上更新统	马兰组:土黄、浅黄土,含砂质及钙质结核
上侏罗系至下白垩系		志丹群:该地层仅见于矿区的西部,岩性多为大型交错层理的砂岩,局部砾岩发育
侏罗系	中统	安定组:灰黄、灰绿色、灰紫色含砾粗砂岩,夹紫色泥岩
		直罗组:上部为紫红色粉砂岩、砂质泥岩与灰绿、灰黄色砂岩互层,下部以灰绿色厚层状中粗砂岩为主,含薄煤
	中下统	延安组:为一套灰白、浅灰色各种粒级的砂岩与灰、深灰色粉砂岩、砂质泥岩互层,中夹具有工业开采价值的煤层,根据岩性组合特征可分为三个岩性段,根据成因类型可划分五个成因单元。本组地层含 2～7 个煤组,27 层煤,主要可采煤层 7 层
三叠系	上统	永坪组:以黄绿色、黄褐色的厚层状中粗粒砂岩为主,中夹泥质粉砂岩

22308 综采工作面位于三盘区 2^{-2} 煤层,上覆基岩厚度为 80～245 m,松散层厚度为 5～30 m。2^{-2} 煤层厚 4.67～8.18 m,平均 6.65 m,1^{-2} 煤层与

2^{-2}煤层间距平均为 36.21 m,2^{-2}煤层与 3^{-1}煤层间距平均为 30.45 m。结合所采煤矸石样品形貌、矿物组成及岩性分析,实验用煤矸石样品为侏罗系中下统延安组浅灰色粉砂岩及砂质泥岩。具体的煤层顶底板厚度及岩性特征情况详见表 2-2。

表 2-2　22308 综采面煤层顶底板情况

顶底板	岩石名称	厚度/m	岩性特征
基本顶	粉砂岩	8.15～43.57 平均:25.86	灰白色,石英为主,其次为长石,岩性致密,坚硬中夹薄层泥岩,下部含少量植物化石
直接顶	砂质泥岩	1.55～10.75 平均:6.15	深灰色,厚层状,砂泥质结构,成分以泥质物为主
直接底	泥岩	1.27～2.66 平均:1.97	深灰色,厚层状,含植物化石及暗色矿物,中夹碳质泥岩

2.1.4　水文地质特征

补连塔煤矿含水层包括:松散岩类孔隙含水层(Ⅰ)和碎屑岩类孔隙-裂隙含水层(Ⅱ)。其中Ⅰ含水层厚度与富水性变化较大,主要分布于补连沟下方,分别为第四系全新统风积层潜水含水层和第四系全新统冲积层潜水含水层。第四系下段岩性以砂砾、中细沙、沙质黏土及黏土粗沙为主,分布于乌兰木伦河流域及各沟谷中,赋存孔隙水,含水较丰富。Ⅱ含水层广泛分布,岩性以粗、中、细砂岩为主,而隔水层岩性以泥岩、砂质泥岩、煤为主。根据煤组的埋深可分为四段:① 志丹群孔隙含水岩段;② 直罗组裂隙承压水含水岩段;③ 延安组承压裂隙含水岩段;④ 2^{-2}煤层～3^{-1}煤层承压裂隙含水层段。

此外,该矿区隔水层包括:位于煤系地层顶部的侏罗系中下统延安组顶部隔水层及位于煤系底部的隔水层。前者岩性主要由灰色、深灰色砂质泥岩、粉砂岩组成,局部相变为细粒砂岩,发育有水平纹理及波状层理,隔水层厚度 0～17.68 m,平均 7.28 m。后者岩性主要为深灰色砂质泥岩、泥岩,致密,发育交错层理。隔水层厚度一般小于 10 m。但两种隔水层厚度较稳定,分布较连续,隔水性较好。

一般情况下,大气降水与地表水、松散层含水层水为该矿井的间接充水水源,基岩含水层水、采空区积水为矿井的直接充水水源;充水通道主要是采动裂隙,其次为构造裂隙和封闭不良钻孔;目前,矿井正常涌水量为 465 m³/h,最大涌水量为 525 m³/h,矿井水文地质类型划分为中等,矿井采空区充水系数的经验值为 0.2。

2.1.5　地下水库现状

补连塔煤矿井下共建有地下水库 3 处,其中 1^{-2} 煤四盘区 2 处、2^{-2} 煤三盘区 1 处,储水总量约 53.6 万 m³,详见表 2-3。

表 2-3　补连塔煤矿采空区地下水库储用水情况

地下水库编号	储水区域	目前储水量 /万 m³	目前储水高度 /m	供井下用水量 /(m³/h)
1	22301～22306 工作面采空区	9.3	2.7	
2	12401～12405 工作面采空区	35.8	3.0	240
3	12418～12420 工作面采空区	8.5	4.9	
合计		53.6		

井下生产用水全部来自地下水库储水,复用水量约 240 m³/h。目前

22301～22306 工作面采空区地下水库使用正常,12418～12420 工作面采空区地下水库和 12401～12405 工作面采空区地下水库已停止使用。

2^{-2}煤三盘区(22301～22306 工作面采空区)地下水库作为矿井永久水源地,2013 年开始使用,采空区面积为 1.4×10^7 m^2,设计储水能力为 8×10^5 m^3,目前采空区积水量为 9.3×10^4 m^3,设计使用年限为 30 年。在 2^{-2}煤三盘区地下水库启用后,补连塔煤矿即停止了向 1^{-2}煤四盘区(12401～12405 工作面采空区)地下水库注水,仅对该地下水库进行放水。

12418～12420 工作面采空区地下水库 2013 年开始使用,采空区面积为 2.5×10^6 m^2,目前采空区积水量为 8.5×10^4 m^3,主要负责补给 12401～12405 工作面采空区地下水库。12401～12405 工作面采空区地下水库作为矿井水源地之一,2010 年开始使用,采空区面积为 9.9×10^6 m^2,设计储水能力为 6×10^5 m^3。12401～12405 工作面采空区积水高度 3.0 m,放水量 170 m^3/h。2017 年 2^{-2}煤四盘区开始回采,该地下水库停止使用。

22301～22306 工作面采空区地下水库为达到水资源复用的目的,将 2^{-2}煤三盘区和 1^{-2}煤五盘区的污水全部通过 4 号泵房补充至该地下水库的上游(22306 工作面采空区),经过 22301～22306 工作面采空区约 5.2 km 的物理净化后,通过该地下水库的下游(22301 工作面辅巷 90～96 号密闭)集中排放,排放出的清水一部分供 2^{-2}煤三盘区和 1^{-2}煤五盘区作为生产用水,一部分通过管路排至地面污水处理厂清水池供地面洗煤厂等作为生产用水。目前,22301～22306 工作面采空区地下水库积水高度 2.7 m,注水量 200 m^3/h,放水量 230 m^3/h。这项技术在中西部合适的地区应用,据估算每年可以保护利用矿井水约 30 亿 t,该措施不仅改善了矿井水利用率不足的问题,又缓解了煤矿生产地方清洁水资源短缺的压力。

2.2 保德煤矿

2.2.1 自然环境

保德煤矿是国家能源集团神东煤炭集团有限责任公司主力矿井之一，位于山西省保德县境内，分属东关、桥头两镇辖区，是典型的石炭-二叠纪煤田。矿区地处黄河东岸、黄土高原的晋西北边缘，大面积被新生界地层覆盖，仅在沟谷中出露基岩，呈黄土沟峁、丘陵地貌。井田内地形破坏严重，呈现沟深坡陡、植被稀少的地貌，总体地势中部低、南北高。区内属黄河流域水系，朱家川河为区内唯一的季节性河流，从井田中部穿过并汇入黄河，流量受季节变化影响明显，枯水期断流。矿区气候属北温带大陆性干燥气候，春季干旱无雨，夏季炎热多雨，秋季温暖适中，冬季寒冷干燥。

2.2.2 生产概况

矿区位于保德县城东约 13 km，井田宽约 5.7 km，长约 14 km，面积约 55.9 km²，矿井可采储量 6.81 亿 t，剩余使用年限约为 49 年，目前煤炭产量为 800 万 t/年，主要开采二叠系山西组 8 号煤层，埋深 326～540 m，矿井涌水量 160～230 m³/h，其中生产废水约占 40%。

2.2.3 井田地质

保德井田地处鄂尔多斯盆地东缘，吕梁隆起北段之西翼，位于河东煤田北部。井田总体呈平缓的单斜构造，地质及水文地质条件中等。含煤地层为石炭系太原组及二叠系山西组，矿区共分为一、二、三、五 4 个盘区，可采煤层四层:8号、10号、11号和13号。煤层赋存稳定,煤质具有低氧化钙、高灰熔点等特点。据钻探揭露及地表调查,区内地层有奥陶系中统马家沟组、峰峰组,石炭系中统本溪组、上统太原组,二叠系下统山西组、上统下石盒子组、上统上石盒子组,新近系上新统保德组及第四系。保德煤矿井田具体地层情况见表2-4。

表 2-4 保德煤矿井田地层情况

地层单位		岩性特征
第四系	全新统	Q_4:砂、砾石层,残、坡积物
	更新统	Q_2+Q_3:土黄色砂土、亚砂土,质地均一,结构疏松,具有垂直层理,底部有松散砾石层
新近系	上新统	保德组:上部为红色亚黏土夹砾石层及 3~4 层钙质结核层,下部为胶结松散的砂砾层
二叠系	上统	上石盒子组:岩性为紫红色、灰绿色砂质泥岩,泥岩夹灰绿色细粒砂岩,厚层状含砾中、粗粒长石砂岩,底部为灰绿、黄绿色厚层状含砾粗粒长石、石英砂岩(S6)
		下石盒子组:顶部为紫红、灰黄、绿、浅灰色泥岩,中下部为灰绿色巨厚层状中粗粒长石、石英砂岩。底部为灰白色含砾粗粒长石、石英砂(S5)
	下统	山西组:上部为灰白色黏土岩、灰黑色泥岩,灰白色细砂岩,砂质泥岩与泥岩互层,中下部为灰白色中粒长石、石英砂岩,钙、硅质胶结,灰黑色黏土岩、泥岩、砂质泥岩、煤互层,是区内主要的含煤地段。根据岩性岩相组合特征,将该组地层划分为两个岩段。第二段:从 S4 砂岩底部至 S5 砂岩底部,含煤 1~2 层,编号 3、4 煤层;第一段:从 S3 砂岩底部至 S4 砂岩底部,含煤 1~2 层,编号 6、8 煤层
石炭系	上统	太原组:上部岩性为生物碎屑灰岩、菱铁质泥岩、黑色泥岩和粉砂岩,与煤层成互层。下部岩性为砂岩、泥岩、砂质泥岩、灰质泥岩、页岩,与煤层成互层。含 9、10、11、13 号煤层
	中统	本溪组:上部为中粗粒长石、石英砂岩、粉砂岩、灰黑色泥岩、泥质灰岩、灰岩,灰岩含动物化石碎片;中部为灰色黏土岩;底部为灰色致密状、鲕状铝土泥岩、泥岩、铁铝质泥岩等
奥陶系	中统	峰峰组:以白云质灰岩、碎屑灰岩为主,呈灰白色、棕灰色、深灰色,垂向节理发育。中下部岩溶较发育
		马家沟组:浅灰~灰黄色灰岩,隐晶质结构,中厚层状构造。局部溶蚀现象发育,溶洞直径 5~7 mm,呈蜂窝状分布

8号煤层位于山西组底部 S3 砂岩之上,煤厚变化区间为 2.15～10.80 m,平均 7.55 m。纯煤厚 1.85～9.01 m,平均 6.00 m,为厚～特厚煤层,以厚煤层为主。煤层结构复杂,全区可采,含夹矸 1～11 层,一般 3～4层,夹矸总厚 0～3.84 m,平均 1.38 m,单层夹矸最大厚度 2.19 m,矸石岩性以泥岩为主,碳质泥岩次之。煤层直接顶板多为砂质泥岩与泥岩,局部为粗粒砂岩,底板以泥岩为主,次为粉砂岩。结合所采煤矸石样品形貌、矿物组成及岩性分析,保德煤矿实验用煤矸石样品为二叠系下统山西组灰黑色黏土岩、泥岩,采自 8 号煤层。

2.2.4　水文地质特征

保德煤矿区域上处于天桥泉域,具有完整的补、径、排特征的水文地质单元。该泉域位于吕梁山以西,与陕西、山西、内蒙古接壤,分布于黄河峡谷两岸。南北长约 200 km,东西长约 100 km,总面积约 13 974 km²,裸露灰岩分布于泉域东部及东北部区域,面积总计 4 404 km²。泉域东侧、南侧、北侧以地下水、地表水分水岭及不透水岩层接触带为界,均为隔水边界。泉域西侧奥灰含水层埋藏逐步加深,地下水运移速度缓慢,处于滞流状态,隔水边界奥陶系碳酸盐岩含水层是井田主要含水层,同时也是煤层开采过程中的重点防治对象[6]。井田内奥陶系灰岩自上而下分为峰峰组、上马家沟组、下马家沟组。其中峰峰组二段被风化剥蚀,厚度小,一段较完整。

2.2.5　矿井水采空区预处理现状

目前保德煤矿利用二盘区 81201～81203 工作面采空区充填煤矸石对矿井水进行过滤净化,采空区高约 3.8 m,面积约 1 547 680 m²,总容积约588 万 m³,总进水量 160～230 m³/h。经采空区预处理后,抽到地面后约

60%作为煤矸石离层注浆用水,剩余40%到地面污水处理站进行处理后,一半井下回用(回用量约50 m³/h),一半外排。目前保德煤矿地下采空区作为矿井水预处理和节水的重要设施,作用效果显著。为充分利用矿区煤矸石改善矿井水水质,需进一步研究证明采空区充填煤矸石对矿井水中污染物的去除效果和作用机理。

本章有关生产概况、井田地质、水文地质特征、地下水库现状等内容来自国家能源集团神东煤炭集团有限责任公司补连塔煤矿和保德煤矿的地勘和水文地质等资料、中煤科工集团西安研究院有限责任公司及研究团队的现场调研结果。

3 煤矸石和矿井水理化特征

3.1 煤矸石理化特征

3.1.1 样品采集与前处理

本章至第 7 章所用新鲜煤矸石样品取自补连塔煤矿 22308 综采面和保德煤矿二盘区 8 号煤层工作面,其中补连塔煤矿煤矸石为侏罗系中下统延安组浅灰色粉砂岩及砂质泥岩,保德煤矿煤矸石主要为二叠系下统山西组灰黑色黏土岩和泥岩。首先将煤矸石进行自然风干破碎、过 5 mm 筛备用。另取部分过 5 mm 筛的煤矸石进一步研磨达到实验要求后再使用。

3.1.2 测试方法与仪器

煤矸石测定的主要指标:有机元素含量、含水率、烧失量、pH、矿物组成、化学成分、比表面积、孔容积以及电镜扫描等。

煤矸石基本理化参数测试方法详见下述内容。

(1) 有机元素

煤矸石样品过 200 目筛后在 100 ℃ ± 10 ℃ 加热烘干 2 h,采用

FLASH2000 有机元素分析仪进行测试。

(2) 含水率

① 在预先干燥并已称量过的称量瓶内称取粒度小于 0.2 mm 的一般分析试验煤样(1±0.1)g,称准至 0.000 2 g,平摊在称量瓶中。

② 打开称量瓶盖,将称量瓶放入预先鼓风并已加热到(105~110)℃的干燥箱中。在一直鼓风的条件下,干燥 1.5 h。

③ 从干燥箱中取出称量瓶,立即盖上盖,放入干燥器中冷却至室温后称量。

④ 进行检查性干燥,每次 30 min,直到连续两次干燥煤样的质量减少不超过 0.001 0 g 或质量不再增加时为止。在后一种情况下,采用质量增加前一次的质量为计算依据。水分小于 2.00% 时不必进行检查性干燥。

⑤ 结果的计算:按式(3-1)计算一般分析实验煤样的水分。

$$M_{ad} = \frac{m_1}{m} \times 100\% \tag{3-1}$$

式中　M_{ad}——一般分析实验煤样水分的质量分数,%;

　　　m——称取的一般分析实验煤样的质量,g;

　　　m_1——煤样干燥后失去的质量,g。

(3) 烧失量

① 将瓷坩埚置于预先升温至 800 ℃±10 ℃的马弗炉中,控制温度 800 ℃±10 ℃灼烧 30 min。取出置于耐热瓷板或石棉板上,在空气中冷却 5 min 左右,移入干燥器中冷却(约 30 min)至室温后迅速称量(称准至 0.000 2 g)。

② 准确称取粒度小于 0.2 mm 的煤矸石试样 1 g(称准至 0.000 2 g),放入经处理后的瓷坩埚中,置于鼓风干燥烘箱中,控制温度 105 ℃±5 ℃干燥 2 h 取出,放入干燥器中冷却(30 min)至室温、称量(称准至 0.000 2 g)。

③ 将烘干的试样置于炉温不超过 100 ℃的马弗炉恒温区,关炉门并使炉门留有 15 mm 左右的缝隙。在不少于 30 min 的时间内将炉温缓慢升至 500 ℃,并在此温度下保持 30 min。继续升温到 800 ℃±10 ℃,灼烧 1 h,取出置于耐热瓷板或石棉板上,在空气中冷却 5 min 左右,移入干燥器中冷却(约 30 min)至室温,迅速称量(称准至 0.000 2 g)。

④ 将称量后的坩埚及试样置于 800 ℃±10 ℃马弗炉中,进行检查性灼烧,每次 20 min,直到连续两次灼烧后的质量变化不超过 0.001 0 g 为止。以最后一次灼烧后的质量为计算依据。

⑤ 结果的计算:按式(3-2)计算煤矸石烧失量的质量分数。

$$\omega = \frac{m_2 - m_3}{m_2 - m_1} \times 100\% \qquad (3\text{-}2)$$

式中　ω——煤矸石烧失量的质量分数,%;

　　m_1——于 800 ℃±10 ℃灼烧干燥后坩埚的质量,g;

　　m_2——于 105 ℃±5 ℃干燥后试样及坩埚的质量,g;

　　m_3——于 800 ℃±10 ℃灼烧后残留物及坩埚的质量,g。

(4) pH

称取预处理后的煤矸石样 10.0 g 置于密闭容器中,加入 25 mL 去离子水(水土比 2.5∶1),在 25 ℃恒温、转速 120 r/min 条件下,于恒温振荡箱内振荡 30 min,然后用 pH 计进行测定。

煤矸石理化参数测定及后续章节水样测试所使用的主要仪器设备信息详见表 3-1。

表 3-1　实验仪器设备一览表

设备名称	型号	厂家
扫描电子显微镜	Quanta FEG250	美国赛默飞 FEI 公司
X 射线荧光光谱仪	S8 TIGER2	德国 Bruker 公司

表 3-1(续)

设备名称	型号	厂家
X 射线衍射仪	D8 Advance	德国 Bruker 公司
电感耦合等离子体质谱仪	NexION 2000	美国 PerkinElmer 公司
比表面积、孔体积分析仪	Micromeritics ASAP2460	美国麦克默瑞提克(上海)仪器有限公司
元素分析仪	Flash2000Autoanalyzer	美国赛默飞世尔科技公司
总有机碳分析仪	TOC-L$_{CSH/CSN}$	日本岛津有限公司
紫外-可见分光光度计	UV2600	岛津仪器(苏州)有限公司
马弗炉	SX-G36123	天津中环电炉股份有限公司
球磨机	XGB2	郑州仲程环保设备有限公司
离子计	PXSJ-226T	上海仪电科学仪器股份有限公司
pH 计	FG2-FK	梅特勒-托利多国际贸易(上海)有限公司
电导率仪	FG3-FK	梅特勒-托利多仪器(上海)有限公司
恒温培养振荡器	ZWY-2012C	上海智城分析仪器制造有限公司
蠕动泵	BT100-1J	保定兰格恒流泵有限公司

3.1.3 测试结果与分析

(1) 基本理化参数

煤矸石的有机元素、含水率、烧失量及 pH 值测试结果如表 3-2 所示。保德煤矿煤矸石 C、O、N、H、S 含量,烧失量和含水率均高于补连塔煤矿煤矸石。pH 测量结果显示两种煤矸石均为弱碱性,补连塔煤矿的碱性稍强。

表 3-2 煤矸石基本物理参数测试结果

指标	补连塔煤矿	保德煤矿
C/%	0.36	8.59
H/%	1.07	1.885
N/%	—	0.245
S/%	—	0.075
O/%	3.631	5.355

表 3-2(续)

指标	补连塔煤矿	保德煤矿
含水率/%	0.62	0.689
烧失量/%	7.58	19.065
pH	8.06	7.43

（2）煤矸石的矿物和化学组成

煤矸石的矿物成分采用 D8 Advance 型 X 射线衍射仪进行分析测试，测试结果如表 3-3 所示。

表 3-3　煤矸石 XRD 测试结果

单位:%

矿物组成	补连塔煤矿	保德煤矿
石英	30	18
伊利石	19.3	—
勃姆石	—	17.5
高岭石	12.7	64.5
绿泥石	11.3	—
白云母	19.3	—
长石	6.3	—
磁铁矿	0.7	—
其他	1.1	—

煤矸石样的化学成分采用 Bruker 公司 S8 TIGER2 型 X 射线荧光光谱仪进行测试，测试结果如表 3-4 所示。

表 3-4　煤矸石 XRF 测试结果

单位:%

化学成分	补连塔煤矿	保德煤矿
SiO_2	59.23	35.23
Al_2O_3	20.11	41.06
Fe_2O_3	5.99	1.18
K_2O	3.1	0.4

表 3-4(续)

化学成分	补连塔煤矿	保德煤矿
MgO	1.96	0.63
Na_2O	1.65	0.266
Cl	0.2	0.033
ZrO_2	0.095	0.124
CaO	0.24	0.074
BaO	0.16	0.114
TiO_2	0.73	1.71
烧失量	6.31	19.065
其他	0.225	0.114

由表 3-3、表 3-4 可知,补连塔煤矿煤矸石中伊利石、高岭石等黏土矿物占矿物组成的 43.3%。此外,石英、白云母及长石含量为 55.6%,SiO_2 和 Al_2O_3 含量为 79.34%。保德煤矿煤矸石中主要黏土矿物为高岭石,占矿物组成的 64.5%,与补连塔煤矿煤矸石相比,其 Al_2O_3 含量更高,为 41.06%,SiO_2 为 35.23%。

(3) 煤矸石形貌特征

扫描电镜技术具有分辨率高、倍数大、三维立体感强等优点,能够真实、准确反映岩石矿物的结构特征,因此被广泛应用于地学领域[129,130]。利用 Quanta FEG250 场发射环境扫描电子显微镜(美国),对实验用煤矸石样品进行形貌观察。图 3-1、图 3-2 为电压 10 kV 条件下补连塔煤矿和保德煤矿煤矸石放大 2 000×、5 000×、10 000×、20 000× 的扫描电镜图片。

据图 3-1 可知,煤矸石表面多呈鳞片状,且有粒状物,表生作用形成的硅酸盐矿物以黏土矿物为主,多属于层状硅酸盐[131];结合矿物组成分析结果,煤矸石中的黏土矿物有高岭石、伊利石和绿泥石,其石英、长石含量也较高,是粉砂岩的典型组分,因此补连塔煤矿煤矸石属于砂-泥质岩系,其特点有:

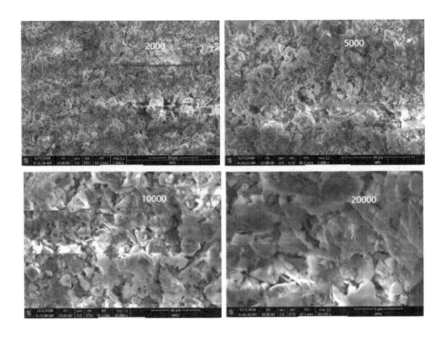

图 3-1　补连塔煤矿煤矸石电镜扫描图

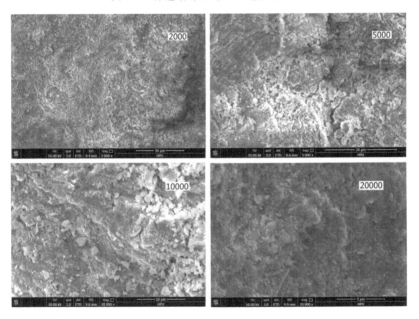

图 3-2　保德煤矿煤矸石电镜扫描图

孔隙度及渗透率相对较大,粒径小,吸附性较强,吸水性好[132]。

据图 3-2 可知,保德煤矿煤矸石表面碎屑之下是坚固、光滑实心岩体,切面平整,由于保德煤矿煤矸石矿物成分中黏土矿物含量占 64.5%,属于高岭石泥岩类或碳质泥岩类,其特点为:固结性高,胶结作用较完全,致密坚硬,具有一定的吸附作用[133]。煤矸石呈灰黑色,可能由岩石中含量较高的有机碳和分散状低价铁的硫化物所致,在还原或强还原环境下形成。

(4) 煤矸石的比表面积和孔容特征

煤矸石的比表面积和孔容测试结果显示:补连塔煤矿煤矸石中含有一定量的中孔或大孔,并且煤矸石的 BET 比表面积为 6.95 m^2/g,远大于韩城矿区煤岩样品的 BET 比表面积(BET 比表面积 0.192 4~0.981 4 m^2/g)。保德煤矿煤矸石小孔和微孔孔隙较为丰富,平均孔径为 13.57 nm,比表面积为 9.25 m^2/g,较大的比表面积以及含量很高的黏土矿物使得煤矸石具有很好的吸附性能。

综合以上分析结果得出:两种煤矸石均具有孔隙结构较为丰富、比表面积较大的特点。

3.2 矿井水理化特征

3.2.1 样品采集及前处理

2022 年 6 月至 2022 年 8 月,采集神东煤炭集团有限责任公司保德煤矿、补连塔煤矿及大柳塔煤矿 17 组矿井水,详见表 3-5。

将采集的矿井水样密封避光保存于聚乙烯瓶中、24 h 内运回实验室后,将水样经 0.45 μm 玻璃纤维滤膜抽滤、4 ℃冷藏备用。

表 3-5　矿井水取样位置一览表

样品编号	取样位置	样品编号	取样位置
A1		B6	
A2	补连塔煤矿	B7	保德煤矿
A3		B8	
A4		C1	
B1		C2	
B2		C3	
B3	保德煤矿	C4	大柳塔煤矿
B4		C5	
B5			

3.2.2　测试方法与仪器

水样 Cl^- 和 HCO_3^- 采用化学滴定法测定,SO_4^{2-} 采用分光光度法测定,F^- 采用离子选择电极法测定,水样 K^+、Na^+、Ca^{2+}、Mg^{2+}、Ni^{2+}、Al^{3+}、Cr^{6+}、As^{5+} 使用电感耦合等离子体质谱仪(ICP-OES)测定。每个水样重复测定 2 次、取平均值,标准偏差控制在 5% 以内。

(1) F^- 的测定

本实验采用离子选择电极法测定水样中 F^- 的质量浓度,检出范围为 0～1 900 mg/L[134]。

① 仪器与试剂

仪器:本方法采用 PXSJ-226T 型离子计。

试剂:TISAB 缓冲溶液、氟离子标准贮备液(100 mg/L)、氟离子标准使用溶液(10 mg/L),其配制方法参照《离子选择电极校准溶液制备方法》(GB/T 26812—2011)中氟离子溶液制备方法,制备 10 mg/L 的校准溶液,并通过逐级稀释法制备其他浓度的溶液。

　　TISAB 缓冲溶液的配制:称取 58.8 g 柠檬酸三钠和 85 g 硝酸钠,溶解于 800 mL 水中,用盐酸调节 pH 值为 5.0~6.0 之间,用水稀释至 1 000 mL, 摇匀。

　　② 绘制标准曲线

　　在 7 个 50 mL 比色管中分别移取 0 mL、0.50 mL、1.00 mL、3.00 mL、5.00 mL、10.00 mL 和 20.00 mL 的氟离子标准使用溶液,后加 10 mL TIS-AB 缓冲溶液、去离子水至 50 mL 标线,摇匀。用离子计测试电位值,通过标准曲线计算溶液 F^- 浓度。每个数据测量两次,最后与已知浓度的 F^- 溶液进行校验。

　　③ 水样的测定

　　取经预处理后的水样,加入 50 mL 比色管中至 25 mL 标线(依情况稀释),之后加入 10 mL TISAB 缓冲溶液并加入去离子水定容至 50 mL 标线,同标准曲线步骤测量电位值。

　　④ 计算 F^- 浓度

　　实验测得 F^- 浓度的测试标准曲线(图 3-3)为:$\lg C = -0.017\,4x + 4.155\,1$,$r^2 = 1$,其中,$\lg C$ 为水样中 F^- 浓度的对数值,x 为电位值。

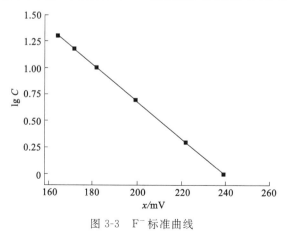

图 3-3　F^- 标准曲线

（2）氯离子的测定

氯离子采用硝酸银滴定法测定,该方法适用于天然水中、经预处理后生活污水及工业废水等水体中氯化物含量的测定,测定范围为 10~500 mg/L。

① 仪器与试剂

仪器:铁架台、酸式滴定管、锥形瓶、烧杯、移液管等。

试剂:硝酸银标准溶液、铬酸钾指示剂、氯化钠标准溶液等。

② 测定步骤

取 50 mL 经过处理后的水样置于锥形瓶中,另取 50 mL 去离子水于锥形瓶中作空白对照。分别加入 1 mL 铬酸钾指示剂,用硝酸银标准溶液滴定至砖红色沉淀刚刚出现即为终点,同法完成空白滴定。

③ 计算公式

$$氯化物(Cl^-,mg/L) = \frac{(V_2-V_1) \cdot M \times 35.45 \times 1\,000}{V} \quad (3\text{-}3)$$

式中　V_1——去离子水样消耗硝酸银标准溶液体积,mL;

　　　V_2——测试水样消耗硝酸银标准溶液体积,mL;

　　　M——硝酸银标准溶液浓度,mol/L;

　　　V——所需水样体积,mL;

　　　35.45——Cl^- 摩尔质量,g/mol。

（3）硫酸根离子的测定

本实验硫酸根离子采用铬酸钡分光光度法测定,该方法适用于测定硫酸盐含量较低的清洁水样,其测定范围为 8~85 mg/L。

① 仪器与试剂

仪器:紫外-可见分光光度计、150 mL 锥形瓶、50 mL 比色管、加热及过滤装置。

试剂:铬酸钡悬浊液、(1+1)氨水、2.5 mol/L 盐酸溶液、硫酸盐标准溶液。

② 测定步骤

分别取 50 mL 经过预处理后的水样置于锥形瓶中。另取 150 mL 锥形瓶 8 个,分别加入 0 mL、0.25 mL、1.00 mL、2.00 mL、4.00 mL、6.00 mL、8.00 mL 及 10 mL 硫酸根标准溶液,加蒸馏水至 50 mL。向水样及标准溶液中各加入 1 mL 的 2.5 mol/L 盐酸溶液,加热煮沸 5 min 左右。取下后再各加 2.5 mL 铬酸钡悬浊液,再煮沸 5 min 左右。取下锥形瓶,稍冷后,向各瓶逐滴加入(1+1)氨水至柠檬黄色,再多加 2 滴。待溶液冷却后,用慢速定性滤纸过滤,滤液收集于 50 mL 比色管内(如滤液浑浊,应重复过滤至透明)。用蒸馏水稀释至标线。在 420 nm 波长下,用 10 mm 比色皿测量吸光度,绘制标准曲线。

③ 计算公式

$$\text{硫酸盐}(SO_4^{2-},\text{mg/L})=\frac{M}{V}\times 1\ 000 \tag{3-4}$$

式中　M——由校准曲线查得的 SO_4^{2-} 量,mg;

　　　V——取水样体积,mL。

④ SO_4^{2-} 浓度确定

SO_4^{2-} 浓度测试标准曲线(图 3-4)为:$C=176.88A_{bs}+3.396\ 6$,$r^2=0.999\ 9$,其中:C 为水样中 SO_4^{2-} 的测试浓度(mg/L),A_{bs} 为已校正后的吸光度。

(4) 氨氮的测定

本实验采用纳氏试剂光度法(A)测试水样中的氨氮浓度,其检出范围为 $0.025\sim 2.00$ mg/L。

① 仪器与试剂

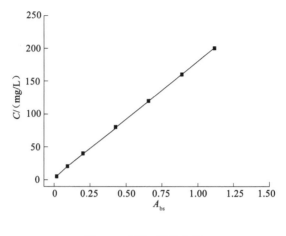

图 3-4 SO_4^{2-} 标准曲线

仪器:本法采用 UV2600 紫外-可见分光光度计、光程长 20 mm 玻璃比色皿测试。

试剂:a. 纳氏试剂;b. 酒石酸钾钠溶液(0.50 g/mL);c. 铵标准贮备溶液(1.00 mg/mL);d. 铵标准使用溶液(0.01 mg/mL),其具体的配制方法及过程参考《水和废水监测分析方法》(第四版)纳氏试剂光度法(A)测试水样中氨氮的有关内容。

② 绘制标准曲线

在 7 个 50 mL 比色管中分别移取 0 mL、0.50 mL、1.00 mL、3.00 mL、5.00 mL、7.00 mL 和 10.00 mL 的铵标准使用溶液,加去离子水至标线。后加 1.00 mL 酒石酸钾钠溶液、1.50 mL 纳氏试剂摇匀。静置 10 min 后,采用 20 mm 玻璃比色皿,在 420 nm 波长处,以去离子水作为空白参比,测量吸光度,每个数据测量两次,最后使用已知浓度的氨氮溶液进行校验。

③ 水样的测定

取经预处理后的水样,加入 50 mL 比色管中定容至标线(依情况稀释),同校准曲线步骤测量吸光度。

④ 计算氨氮浓度

氨氮浓度的测试标准曲线为：$C = 5.025\,9A_{bs} + 0.021$，$r^2 = 0.999\,9$，其中：$C$ 为水样中氨氮的测试浓度（mg/L），A_{bs} 为已校正后的吸光度。详见图 3-5。

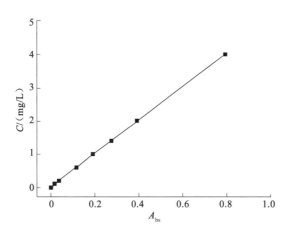

图 3-5　氨氮标准曲线

（5）硝态氮的测定

本实验采用紫外分光光度法(B)测定水样中硝酸盐氮的浓度，本法检出浓度范围为 0.08～4.0 mg/L。

① 仪器与试剂

仪器：本法采用 UV2600 紫外-可见分光光度计、光程长 10 mm 石英比色皿测试。

试剂：a. 1 mol/L 盐酸(GR)；b. 10%氨基磺酸溶液；c. 硝酸盐标准贮备溶液(0.10 mg/mL)，其具体的配制方法及过程参考《水和废水监测分析方法》(第四版)紫外分光光度法(B)测定水样中硝酸盐氮的有关内容。

② 绘制标准曲线

在 6 个 200 mL 容量瓶中分别移取 0 mL、0.50 mL、1.00 mL、2.00 mL、

3.00 mL、4.00 mL 的硝酸盐氮标准贮备液,加新鲜去离子水至标线。后分别加入 1.0 mL 1 mol/L 盐酸溶液、0.1 mL 10％氨基磺酸溶液(亚硝酸盐氮浓度低于 0.1 mg/L 可不加)混匀。静置 10 min 后,采用 10 mm 石英比色皿,在 220 nm、275 nm 波长处,以 50 mL 去离子水加 1 mL 盐酸作为空白参比,测量吸光度,每个数据测量两次,最后使用已知浓度的硝态氮溶液进行校验。

③ 水样的测定

取经预处理后的水样,加入 50 mL 比色管中定容至标线(依情况稀释),同校准曲线步骤测量吸光度。

④ 计算硝酸盐氮浓度

$$A_{校} = A_{220} - 2A_{275} \tag{3-5}$$

式中 $A_{校}$——吸光度的校核值;

A_{220}——硝酸盐氮在 220 nm 波长处测得的吸光度;

A_{275}——硝酸盐氮在 275 nm 波长处测得的吸光度。

硝酸盐氮浓度的测试标准曲线为:$C = 4.027\,7A_{bs} - 0.075\,3, r^2 = 0.999\,9$,其中:$C$ 为水样中硝酸盐氮的测试浓度(mg/L),A_{bs} 为已校正后的吸光度,详见图 3-6。

(6) 亚硝态氮的测定

本实验采用 N-(1-萘基)-乙二胺光度法(A)测定水样中亚硝态氮的浓度,本法检出浓度范围为 0.003～0.20 mg/L。

① 仪器与试剂

仪器:本法采用 UV2600 紫外-可见分光光度计、光程长 10 mm 玻璃比色皿测试。

试剂:a. 磷酸(15 mol/L,$\rho = 1.70$ g/mL);b. 显色剂;c. 亚硝酸盐标准贮备液(0.25 mg/mL);d. 亚硝酸盐氮标准中间液(0.05 mg/mL);e. 亚硝

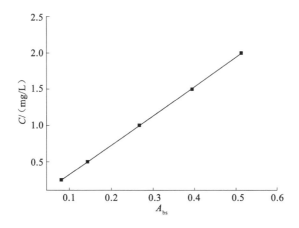

图 3-6 硝酸盐氮标准曲线

酸盐氮标准使用液(0.001 mg/mL,使用当天配置),其具体的配制方法及过程参考《水和废水监测分析方法》(第四版)N-(1-萘基)-乙二胺光度法(A)测定水样中亚硝态氮的有关内容。

② 绘制标准曲线

在 6 个 50 mL 比色管中分别移取 0 mL、1.00 mL、3.00 mL、5.00 mL、7.00 mL 和 10.00 mL 亚硝酸盐氮标准使用液,加去离子水至标线。后加 1.00 mL 显色剂,闭塞、混匀。静置 20 min 后,在 540 nm 波长处采用 10 mm 比色皿,以去离子水作为空白参比测量吸光度,每个数据测量两次,最后使用已知浓度的亚硝态氮溶液进行校验。

③ 水样的测定

取经预处理后的水样,加入 50 mL 至比色管中定容至标线(依情况稀释),同校准曲线步骤测量吸光度。

④ 计算亚硝酸盐氮浓度

亚硝酸盐氮浓度的测试标准曲线为:$C = 0.293\ 9A_{bs} + 0.001\ 1$,$r^2 = 0.999\ 9$,其中:$C$ 为水样中亚硝酸盐氮的测试浓度(mg/L),A_{bs} 为已校正后的吸光度,详见图 3-7。

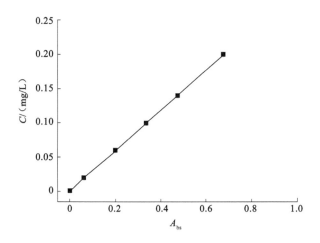

图 3-7 亚硝酸盐氮标准曲线

根据《地下水环境监测技术规范》(HJ 164—2020)规定,地下水中监测因子测定结果低于分析方法检出限时,按所用方法的检出限值进行统计[135]。

3.2.3 单因子评价法

对取得的补连塔煤矿、保德煤矿及大柳塔煤矿矿井水,采用单因子评价法进行水质评价,具体计算公式如下[136]:

$$P_i = \frac{C_i}{C_0} \tag{3-6}$$

式中　P_i——第 i 个评价因子的单因子评价指数,$P_i \leqslant 1$ 时,未污染,$P_i > 1$ 时,污染;

　　　C_i——第 i 个评价因子的实测浓度值,mg/L;

　　　C_0——第 i 个评价因子的标准浓度值,mg/L,以《地下水质量标准》(GB/T 14848—2017)中Ⅲ类水体水质为评价标准。

pH 值的标准指数为：

$$S_j = \frac{7.0 - \text{pH}}{7.0 - \text{pH}_{sd}} \, (\text{pH} \leqslant 7) \qquad (3\text{-}7)$$

$$S_j = \frac{\text{pH} - 7.0}{\text{pH}_{su} - 7.0} \, (\text{pH} > 7) \qquad (3\text{-}8)$$

式中　pH——水环境中的实测值；

　　　pH$_{sd}$——《地下水质量标准》(GB/T 14848—2017)Ⅲ类水体 pH 值的下限；

　　　pH$_{su}$——《地下水质量标准》(GB/T 14848—2017)Ⅲ类水体 pH 值的上限。

3.2.4　监测结果与分析

取得的保德煤矿、补连塔煤矿及大柳塔煤矿矿井水监测及水质评价结果如表 3-6 所示。

由表 3-6 监测结果可知,三个矿区矿井水 pH 值均符合《地下水质量标准》(GB/T 14848—2017)Ⅲ类水体标准,但有多个水样 pH 值接近限值要求。超过半数样品 TDS 浓度高于标准值 1 000 mg/L,但未超过 6 000 mg/L,根据《煤矿矿井水分类》(GB/T 19223—2015),此类水属于中可溶性固体水。

由单因子评价结果可知,水样 Ni^{2+}、As^{5+} 和 Cr^{6+} 均属无污染水平,总硬度(以 $CaCO_3$ 计)也未超标。所取水样 Na^+ 均出现污染现象,超标倍数最高为 34.90,大柳塔煤矿 C2 水样出现 Fe^{3+} 超标现象,P_i 为 4.346。补连塔煤矿 A4 水样及大柳塔煤矿 C5 水样出现 Cl^- 超标,超标倍数分别为 1.11 和 1.27;大柳塔煤矿 C1、C2、C3、C4 水样存在严重的硫酸盐污染现象,超标倍数最高为 15.93;补连塔煤矿 A1、A2、A3、A4 水样 TDS 均存在超标现象,其超标倍数为 1.10~1.57,这与复杂的矿井水成分及长期水-岩作用下含水介质组分的溶出有关。

根据表 3-6 中数据,绘制水样 Piper 三线图(图 3-8),对水样进行水化学特征分析。由图 3-8 可知,所取水样中阳离子以 Na^+、Mg^{2+} 为主,阴离子以 HCO_3^- 为主、其次是 Cl^- 和 SO_4^{2-}。补连塔煤矿 4 组水样水化学类型为 $HCO_3 \cdot Cl-Na$,保德煤矿 8 组水样水化学类型包括 $HCO_3 \cdot Cl-Na \cdot Mg$、$HCO_3 \cdot Cl \cdot SO_4-Na \cdot Mg$、$Cl \cdot SO_4-Na \cdot Mg$,大柳塔煤矿 5 组矿井水样水化学类型为 SO_4-Na、$Cl \cdot SO_4-Na$、$SO_4-Na \cdot Mg$。其中 F^- 浓度较高的水样水化学类型主要为 $HCO_3 \cdot Cl-Na$ 型(4 组)、$Cl \cdot SO_4-Na$(1 组)和 $SO_4-Na \cdot Mg$ 型(2 组),Na^+ 含量较高的矿井水中 F^- 浓度也较高。

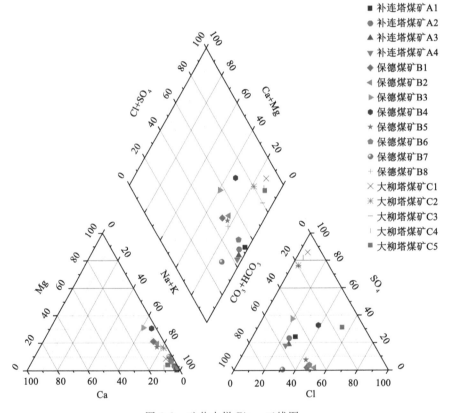

图 3-8　矿井水样 Piper 三线图

表 3-6 矿井水水质监测结果

采样点位	项目	监测因子															
		pH	TDS	Fe^{3+}	Cr^{6+}	As^{5+}	Al^{3+}	Ni^{2+}	F^-	Na^+	Ca^{2+}	Mg^{2+}	K^+	Cl^-	SO_4^{2-}	HCO_3^-	CO_3^{2-}
A1	实测值	8.5	1 104.5	0.038 6	0.005 5	0.001	0.035 5	0.001	8.34	2 067.02	38.24	8.15	79.12	239.13	208.76	384.64	23.41
	P_i	1.00	1.104 5	0.129	0.11	0.1	0.178	0.05	8.34	10.34	/	/	/	0.96	0.84	/	0.05
A2	实测值	7.84	1 529	0.151 5	0.003 7	0.001	0.017	0.001	4.66	2 744.53	61.45	93.67	122.16	248.32	239.22	505.42	28.29
	P_i	0.56	1.529	0.505	0.074	0.1	0.083	0.05	4.66	13.72	/	/	/	0.99	0.96	/	0.06
A3	实测值	8.38	1 370	0.043 3	0.008 2	0.001	0.015	0.001	4.48	2 109.79	35.25	39.75	108.31	250.12	179.18	489.72	29.58
	P_i	0.92	1.37	0.144	0.163	0.1	75	0.05	4.48	10.55	/	/	/	1.00	0.72	/	0.07
A4	实测值	8.41	1 559	0.170 3	0.017 1	0.001	0.013	0.001	5.16	3 298.57	38.55	61.06	172.78	276.71	203.00	614.22	29.44
	P_i	0.94	1.559	0.568	0.342	0.1	0.066	0.05	5.16	16.49	/	/	/	1.11	0.81	/	0.07
B1	实测值	8.08	583.5	0.090 4	0.010 8	0.001	0.004	0.001	1.37	808.80	73.53	236.89	243.21	132.36	5.64	124.78	22.43
	P_i	0.72	0.583 5	0.301	0.217	0.1	0.02	0.05	1.37	4.04	/	/	/	0.53	0.02	/	0.05
B2	实测值	8.19	597.8	0.071 5	0.039 5	0.001	0.006	0.001	1.29	1 536.54	103.51	395.29	505.66	140.86	4.89	101.01	26.78
	P_i	0.79	0.597 8	0.238	0.789	0.1	0.032	0.05	1.29	7.68	/	/	/	0.56	0.02	/	0.06
B3	实测值	8.15	300.5	0.029 2	0.008 2	0.001	0.004	0.001	0.67	331.78	44.18	170.59	34.50	20.29	39.20	34.98	9.99
	P_i	0.77	0.300 5	0.097	0.163	0.1	0.018	0.05	0.67	1.66	/	/	/	0.08	0.16	/	0.02
B4	实测值	7.77	645.8	0.043 3	0.005 5	0.001	0.007	0.001	0.62	2 231.52	101.97	1 033.05	297.84	92.27	78.42	53.77	14.41
	P_i	0.51	0.659 1	0.144	0.11	0.1	0.036	0.05	0.62	11.16	/	/	/	0.37	0.31	/	0.03
B5	实测值	7.33	666.5	0.038 6	0.005 5	0.001	0.004	0.001	1.59	1 152.80	95.90	257.08	252.96	89.77	15.84	102.70	0
	P_i	0.22	0.666 5	0.129	0.11	0.1	0.019	0.05	1.59	5.76	/	/	/	0.36	0.06	/	0

表 3-6（续）

采样点位	项目	监测因子															
		pH	TDS	Fe³⁺	Cr⁶⁺	As⁵⁺	Al³⁺	Ni²⁺	F⁻	Na⁺	Ca²⁺	Mg²⁺	K⁺	Cl⁻	SO₄²⁻	HCO₃⁻	CO₃²⁻
B6	实测值	8.06	605.4	0.057 4	0.021 6	0.001	0.001	0.001	1.15	1 805.17	45.69	138.43	160.70	133.66	10.85	122.11	16.89
	P_i	0.71	0.627	0.191	0.431	0.1	0.006	0.05	1.15	9.03	/	/	/	0.53	0.04	/	0.04
B7	实测值	8.31	860.2	0.057 4	0.015 3	0.001	0.007	0.001	1.43	1 672.25	40.40	191.75	382.44	135.26	2.17	276.90	16.47
	P_i	0.87	0.896 5	0.191	0.306	0.1	0.035	0.05	1.43	8.36	/	/	/	0.54	0.01	/	0.04
B8	实测值	7.91	833.2	0.066 8	0.015 3	0.001	0.008	0.001	1.04	1 875.06	91.58	410.47	734.96	203.14	1.90	205.95	7.57
	P_i	0.61	0.833 2	0.223	0.306	0.1	0.04	0.05	1.04	9.38	/	/	/	0.81	0.01	/	0.02
C1	实测值	8.19	1611	0.1	0.003 7	0.001	0.005	0.001	4.65	6 980.90	405.06	680.70	879.46	245.92	3 982.85	388.21	19.63
	P_i	0.79	1.611	0.333	0.074	0.1	0.028	0.05	4.65	34.90	/	/	/	0.98	15.93	/	0.04
C2	实测值	8.03	1 670.5	1.303	0.001 9	0.001	0.01	0.001	2.41	4 110.63	119.07	822.82	322.58	176.75	3 400.74	878.56	0
	P_i	0.69	1.670 5	4.346	0.038	0.1	0.054	0.05	2.41	20.55	/	/	/	0.71	13.60	/	0
C3	实测值	7.82	1 880.5	0.015	0.001 9	0.001	0.02	0.001	3.53	3 495.56	84.87	169.78	371.04	212.93	3 692.70	975.79	0
	P_i	0.55	1.880 5	0.035	0.038	0.1	0.101	0.05	3.53	17.48	/	/	/	0.85	14.77	/	0
C4	实测值	8.19	1491	0.01	0.001 9	0.001	0.019	0.001	4.14	1 277.41	133.22	34.85	45.47	155.75	2 959.20	497.15	0
	P_i	0.79	1.491	0.035	0.038	0.1	0.093	0.05	4.14	6.39	/	/	/	0.62	11.84	/	0
C5	实测值	8.13	2 223	0.015	0.001 9	0.001	0.006	0.001	2.27	3 194.52	209.87	139.06	463.60	318.00	181.57	82.02	0
	P_i	0.75	2.223	0.05	0.038	0.1	0.028	0.05	2.27	15.97	/	/	/	1.27	0.73	/	0
标准值		6.5~8.5	1 000	0.3	0.05	0.01	0.2	0.02	1	200				250	250		450

注：表格内除 pH 外，其余指标单位均为 mg/L。

3.2.5 F⁻监测结果与分析

据表 3-6,3 矿矿井水中 F⁻ 浓度存在明显的差异,绘制了 3 矿矿井水中 F⁻ 浓度的箱型图(图 3-9),进行氟化物浓度及其成因分析。

由图 3-9 及表 3-6 可知,补连塔煤矿矿井水中 F⁻ 浓度最高,为 4.48～8.34 mg/L、平均值为 5.66 mg/L,P_i 为 4.48～8.34,质量浓度远高于《地下水质量标准》(GB/T 14848—2017)Ⅲ类水体标准 1 mg/L,100％超标,超标倍数为 3.38～7.34。采用消解法测得保德煤矿和补连塔煤矿煤矸石总氟含量分别为 613.253 mg/kg、708.082 mg/kg,在长期的水-岩作用下,煤矸石中的氟可溶解于水中导致矿井水中氟含量升高。另外,由于所研究矿井水均为弱碱性,水中的 OH⁻ 与 F⁻ 半径相近,可以置换出含水介质硅酸盐矿物中的 F⁻ 使其进入到水中[39]。除此之外,有研究表明[137],碱性环境下,除 OH⁻ 外,HCO₃⁻ 也带负电荷,会与 F⁻ 竞争吸附黏土表面的电位,促使 F⁻ 的解吸,并且 HCO₃⁻ 电离出的 OH⁻ 也可置换出硅酸盐含氟矿物中的 F⁻,从而导致水中 F⁻ 浓度进一步升高。

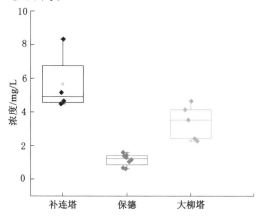

图 3-9 矿井水样 F⁻ 浓度箱型图

大柳塔矿矿井水中 F^- 浓度为 2.27～4.65 mg/L,均值为 3.4 mg/L,超标率 100％。保德煤矿矿井水中 F^- 浓度相对较低,为 0.62～1.59 mg/L,均值为 1.15 mg/L,仅 B3 和 B4 水样未出现超标,其余 6 组均高于《地下水质量标准》(GB/T 14848—2017)Ⅲ类及生活饮用水标准限值 1 mg/L,最大超标倍数 1.59。

综上,补连塔煤矿和大柳塔煤矿所取 9 组水样 F^- 含量 100％超标,最大超标倍数 7.34,超标严重,属于高氟矿井水。

3.2.6 氮素监测结果与分析

近五年多次采集补连塔煤矿和保德煤矿的矿井水,采样点位信息详见表 3-7。

表 3-7 补连塔煤矿和保德煤矿矿井水采样点信息一览表

煤矿	矿井水编号	矿井水组成	备注
补连塔煤矿	W_1 (W_{1-1},W_{1-2},W_{1-3})	22308 综采面生产废水(设备冷却水＋乳化液)＋22308 综采面顶板水(顶板基岩含水层水＋顶板 1^{-2} 煤采空区水)	W_1:生产废水占 70％～90％,顶板水占 10％～30％。W_{1-1}～W_{1-3}:表示在 22308 综采面采集的 3 次矿井水样、W_2 为地下水库出水水样且 W_{1-1} 与 W_2 是同一时期采集
	W_2	经 22301～22306 工作面采空区地下水库物理净化后的水样	
	W_3	顶板含水层淋水	
保德煤矿	BDS1	采空区 81307 回采工作面出水,由生产污水和少量的采空区顶板水组成,为地下采空区进水	
	BDS2	81301～81306 工作面老空区混合水,主要为老空区顶板渗水,为地下采空区的一部分进水	
	BDS3	二盘区 203 采空区出水口水样	
	BDS4	表示地下采空区出水的复用水仓水,将其抽排至地上污水处理站处理后外排	

(1) 补连塔煤矿矿井水

取得的补连塔煤矿矿井水监测数据及单因子评价结果见表 3-8。

表 3-8　补连塔煤矿矿井水水质监测结果一览表

项目	浓度限值 P_i	W_{1-1}	W_{1-2}	W_{1-3}	W_2	W_3
pH	6.5～8.5	9.02	7.83	8.06	8.48	7.78
	P_{pH}	1.35	0.55	0.71	0.99	0.52
电导率/(μS/cm)	—	5 548	3 020	4 016	3 800	2 380
氨氮 /(mg/L)	≤0.5	5.31	11.67	16.97	0.16	2.36
	$P_{氨氮}$	10.62	23.34	33.94	0.32	4.72
硝态氮 /(mg/L)	≤20.0	9.09	0.00	0.00	0.05	0.04
	$P_{硝态氮}$	0.45	0.00	0.00	0.0025	0.002
亚硝态氮 /(mg/L)	≤1.0	19.77	0.91	1.63	0.00	0.00
	$P_{亚硝态氮}$	19.77	0.91	1.63	0.00	0.00
总氮 /(mg/L)	—	40.28	14.88	22.20	0.25	2.81
	—	—	—	—	—	—

表 3-8 的水质分析及评价结果表明：W_{1-1}～W_{1-3} 与 W_3 均出现氨氮超标现象，$P_{氨氮}$ 分别为 10.62～33.94、4.72。根据矿井水的来源及组成分析，W_1 为 22308 综采面矿井水，其生产废水比例较大(70%～90%)，这是导 W_{1-1}～W_{1-3} 氨氮及 TN 含量过高的主要原因；W_3 虽为 1^{-2} 煤顶板含水层淋水，水中氨氮及总氮含量也较高。

对比同一时期采集的地下水库进水 W_{1-1} 与出水 W_2 水质监测结果可以发现：经过采空区地下水库充填岩体的水质净化后，W_{1-1} 的氨氮及总氮含量均有显著降低，去除率分别为 96.99%、99.38%，该结果表明，该地下水库采空区填充煤矸石可对矿井水中氨氮及总氮具有较好的去除效果，这与其较大的比表面积及含有一定阳离子交换容量的伊利石及绿泥石等黏土矿物有关。此外，W_3 中的氨氮浓度占总氮的 84%，超标倍数 4.72，这可能与顶板含水层长期的水-岩作用及地表水补给有关。

由表 3-8 结果可知:虽然水中硝态氮含量未超标,但是 W_{1-1} 中硝态氮及亚硝态氮含量却较高,分别为 9.09 mg/L、19.77 mg/L。W_2 和 W_3 硝酸盐含量均较低,亚硝酸盐未检测到。W_{1-1} 中的亚硝酸盐含量远高于 W_{1-2}、W_{1-3},虽然 W_{1-2} 不超标,但是接近 Ⅲ 类水体标准 1 mg/L,W_{1-3} 亚硝酸盐超标倍数 0.63。W_{1-1} ～ W_{1-3} 亚硝酸盐含量较高,这可能与矿井缺氧环境的地下输送及水仓储存过程的不完全反硝化作用有关[138]。作为地下水库出水,W_2 中的硝酸盐及亚硝酸盐的含量远小于进水 W_{1-1},地下水库充填岩体对硝酸盐及亚硝酸盐的去除率高达 99.45% 和 100%,高的去除效率原因有待于进一步调查证实。

除 W_{1-1} 的 pH 值出现轻度超标外,其他水样的 pH 值均达标。经过地下采空区充填岩体的净化后,W_2 的 pH 值低于 W_{1-1},但是仍然偏碱性,这可能与采空区水-岩作用中的生物转化作用、氨氮水解等均相关。

从表 3-8 可知,W_{1-1} 的电导率(EC)值远高于出水 W_2,这与前者水体的复杂成分且较高的 Na^+、K^+ 等离子含量有关[50],当矿井水流经地下水库充填岩体时,矸石表面的 Ca^{2+}、Mg^{2+} 将与水体中的 Na^+、K^+ 完成阳离子交换,生成碳酸钙类沉淀从而使 EC 降低 31.51%。相较于前四种矿井水样而言,W_3 的 EC 值最低,这与其为含水层水、成分相对简单、污染组分含量低有关。

(2) 保德煤矿矿井水

保德煤矿矿井水分别采自二盘区 8 号煤层工作面、采空区、复用水仓以及地下采空区进水(详见表 3-7),其水样的 pH、TDS、Cl^- 以及氨氮、硝态氮、亚硝态氮等指标的监测结果汇总于表 3-9。

由表 3-9 的水质分析及评价结果可知,BDS1～BDS4 均出现氨氮超标现象,尤其是 BDS1,其氨氮浓度 20.97 mg/L、$P_{氨氮}$ 为 41.94,根据《地下水质量标准》(GB/T 14848—2017)和《地下水水质标准》(DZ/T 0290—2015)水质要求,BDS1 属于污染水质,这可能是由于煤层开采过程中产生的较多生产污水,使得采空区进水氨氮浓度较高。由于 BDS3、BDS4 均为采空区出水,所以其"三氮"及 Cl⁻ 监测结果接近。经过采空区水处理后,BDS3、BDS4 的氨氮浓度均有明显降低,去除率为 62.23%~62.47%,这与充填岩体的吸附作用有关。但据表 3-9 结果可知,地下采空区出水氨氮含量依然较高。

表 3-9　保德煤矿矿井水水质监测结果一览表

项目	浓度限值/P_i	BDS1	BDS2	BDS3	BDS4
pH	6.5~8.5	8.27	7.86	7.74	7.38
	P_{pH}	0.85	0.57	0.49	0.25
TDS /(mg/L)	≤1 000	1 155	874.2	587.1	674.5
	P_{TDS}	1.16	0.87	0.59	0.67
氨氮 /(mg/L)	≤0.5	20.97	8.30	7.87	7.92
	$P_{氨氮}$	41.94	16.60	15.74	15.84
硝态氮 /(mg/L)	≤20.0	≤0.02	≤0.02	0.05	0.03
	$P_{硝态氮}$	≤0.001	≤0.001	0.002 5	0.001 5
亚硝态氮 /(mg/L)	≤1.0	≤0.003	≤0.003	≤0.003	0.01
	$P_{亚硝态氮}$	≤0.003	≤0.003	≤0.003	0.01
Cl⁻ /(mg/L)	≤250	415.69	152.94	124.51	122.55
	$P_{氯离子}$	1.66	0.61	0.50	0.49

根据表 3-9 结果可知,矿井水中硝态氮和亚硝态氮含量未出现超标,但是 BDS3 和 BDS4 的硝态氮及亚硝态氮含量却略高于采空区进水 BDS1 和 BDS2,这可能与氨氮的硝化反应产物有关。矿井水的 pH 值均达标,且 BDS3 和 BDS4 的 pH 都低于 BDS1 和 BDS2。除 BDS1 的 TDS 和 Cl⁻ 含量出现轻度超标外,其他水样 TDS 和 Cl⁻ 含量均达标,采空区水处理过程 TDS 和氯离子的去除率分别为 41.6%~49.17%、70.05%~70.52%。

综上所述,补连塔煤矿和保德煤矿地下采空区对矿井水中氨氮、TN 均有显著的去除效果,也可对水的 pH、TDS 和 Cl⁻ 有一定的降低作用,从而实现了对矿井水的净化处理。

3.3 小结

通过对补连塔煤矿、保德煤矿、大柳塔煤矿所取煤矸石及矿井水的检测分析,得出如下结论:

(1)补连塔煤矿煤矸石的黏土矿物伊利石、高岭石和绿泥石占矿物组成的 43.3%,属于砂-泥质岩系。保德煤矿煤矸石中主要黏土矿物为高岭石,占矿物组成的 64.5%,属碳质泥岩类,与补连塔煤矿煤矸石相比,其 Al_2O_3 含量更高,为 41.06%。补连塔煤矿煤矸石中含有一定量的中孔或大孔,BET 比表面积为 6.95 m^2/g。保德煤矿煤矸石小孔和微孔孔隙则较为丰富,BET 比表面积为 9.25 m^2/g。较大的比表面积以及含量很高的黏土矿物使得两种煤矸石具有很好的吸附性能。

(2)补连塔煤矿、保德煤矿、大柳塔煤矿矿井水中阳离子以 Na^+、Mg^{2+} 为主,阴离子以 HCO_3^- 为主,其次是 Cl^- 和 SO_4^{2-},通常 Na^+ 含量较高的矿井水中 F^- 浓度也较高。超过半数样品 TDS 浓度高于标准值 1 000 mg/L,属于中可溶性固体水,所有样品 Na^+ 均出现超标,超标倍数最高可达 34.90,大柳塔煤矿矿井水存在硫酸盐污染,超标倍数最高为 15.93。

(3)保德煤矿水样 F^- 超标率 75%,补连塔煤矿和大柳塔煤矿矿井水 F^- 超标率 100%,属于高氟矿井水,其中补连塔煤矿 F^- 最大超标倍数 8.34,这与矿井水中含有较多生产废水有关。在碱性环境下,含氟矿物的溶解以及 HCO_3^- 的竞争吸附也是造成矿井水中 F^- 浓度超标的重要原因,同时高

TDS 也可导致矿井水中 F^- 富集。

（4）补连塔煤矿 22308 综采面矿井水 W_1 氨氮含量(5.31～16.97 mg/L)高于顶板含水层淋水 W_3(2.36 mg/L)，以生产废水为主的 W_1 中较高的亚硝酸盐含量(0.91～19.77 mg/L)与缺氧环境下的不完全反硝化作用有关。保德煤矿采空区进水、出水、复用水仓及老空区水氨氮超标率100%。两个煤矿地下采空区对氨氮的去除效率在 62.23%～96.99%，EC、TDS 和 Cl^- 浓度也明显降低，因此矿井水在煤矿采空区充填岩体的作用下，水质可以得到一定的净化。

4 煤矸石中氟化物、氮素和有机质的溶出

本章以补连塔煤矿和保德煤矿煤矸石为研究对象,通过浸泡实验来对比研究不同地质年代煤田煤矸石中氟化物、氮素和有机质的溶出特征,以此作为开展氟化物和氮素迁移转化规律研究的基础数据,并可为评价煤矿采空区充填煤矸石对矿井水处理效果提供理论依据。

4.1 实验材料与方法

4.1.1 实验方法

首先将补连塔煤矿和保德煤矿采集的煤矸石进行破碎,过 2 mm 筛备用。

浸泡实验均将配置好的水、煤矸石质量比为 4∶1 的混合溶液置于密封的锥形瓶中,并在恒温振荡箱内避光振荡,温度 25 ℃、振速 120 r/min,实验装置简图如图 4-1 所示。

分别在 1 h、6 h、12 h、24 h、48 h、96 h、144 h、192 h、240 h、288 h、336 h、384 h、432 h 和 480 h 取样分析。测样前首先将混合溶液过 0.45 μm 的玻璃纤维滤膜进行抽滤,对过滤后的水样进行氟化物、氨氮、亚硝酸盐氮、硝酸盐

氮、溶解性有机碳(DOC)、254 nm 处的紫外吸收(UV_{254})、三维荧光光谱、pH 及电导率(EC)的测定。

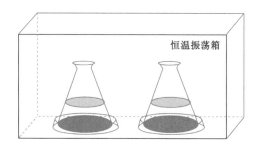

图 4-1　振荡实验装置示意图

4.1.2　实验材料与仪器

实验样品分别取自补连塔煤矿和保德煤矿新鲜煤矸石;实验用水为去离子水(EC 小于 8 $\mu S/cm$);实验仪器主要包括恒温振荡箱,PXSJ-226T 型离子计,日本岛津 UV2600 紫外-可见分光光度计,日本岛津 TOC-L CSH/CSN 分析仪,Hitachi F-7000 荧光光度计,瑞士梅特勒公司的 FG2-FK 型 pH 计及 FG3-FK 型电导率仪。

4.1.3　测试方法

4.1.3.1　DOC

水样 DOC 的测试采用日本岛津公司的 TOC-L CSH/CSN 分析仪,利用总碳-无机碳(TC-IC)法测定。TC 的测量是在 680 ℃条件下高温燃烧试样完全生成 CO_2,通过非色散红外检测器(NDIR)检测 CO_2 量后会形成模拟信号峰,其峰面积与 TC 浓度成正比,再对比标准曲线方程即可得出 TC 浓度;IC 的测定是利用酸化后的反应液将样品中的无机碳转化为 CO_2,利用与 TC

测量相同的方式可得出 IC 浓度;再利用 TC-IC 得出水样中 DOC 的含量。

实验用 TC 和 IC 标准曲线分别如图 4-2 所示。

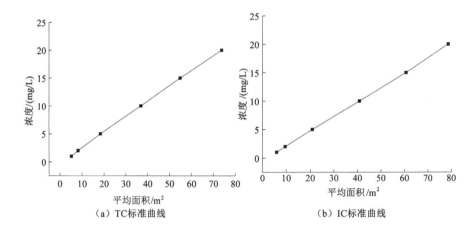

（a）TC标准曲线　　　　　　　　　（b）IC标准曲线

图 4-2　TC 和 IC 标准曲线

$$y = 0.276\ 4x - 0.247\ 3, r^2 = 0.999\ 7 \tag{4-1}$$

$$y = 0.258\ 8x - 0.507\ 5, r^2 = 0.999\ 8 \tag{4-2}$$

其中 x 为峰的平均面积,y 为 TC、IC 浓度。

4.1.3.2　UV_{254}

UV_{254} 测试采用紫外分光光度法。取预处理过的水样于 25 mL 比色管中,如果样品浓度超过测定上限,需对样品再进行稀释。用光度计测试波长在 254 nm 处的吸光度,通过下列公式计算得出 UV_{254} 的值。

$$UV_{254} = \frac{A}{b} \tag{4-3}$$

式中　UV_{254}——254 nm 下 UV 值;

　　　A——吸光度;

　　　b——比色皿光程,cm。

4.1.3.3　三维荧光光谱测试

DOM 的三维荧光光谱采用 Hitachi F-7000 荧光光度计测定,仪器光源为 150 W 氙灯;光电倍增管(PMT)电压为 400 V;激发和发射单色器均为衍射光栅;激发和发射狭缝宽均为 10 nm;扫描间隔为 5 nm;扫描速度为 12 000 nm/min;激发波长(EX)范围为 200~400 nm、发射波长(EM)范围为 240~500 nm。以超纯水作为空白,校正水的拉曼散射,将瑞利散射下方及二级瑞利散射上方的数据置零,同时扣除瑞利散射的影响,并将两条散射用缺失值代替。

氟化物和"三氮"的测定方法详见 3.2.2 内容。

4.2　煤矸石中氟化物的溶出

两种煤矸石浸泡液中 F^- 质量浓度随时间的变化见图 4-3。由图 4-3 可知,两个煤矿的煤矸石浸泡液 F^- 质量浓度均在 24~48 h 内快速升高,之后缓慢上升并趋于稳定。最终补连塔煤矿煤矸石浸泡液 F^- 质量浓度稳定在 2.92~3.0 mg/L,保德煤矿煤矸石浸泡液 F^- 质量浓度则稳定在 2.27~2.43 mg/L。实验中后期两种煤矸石浸泡液氟化物的溶出浓度都超出了我国《地

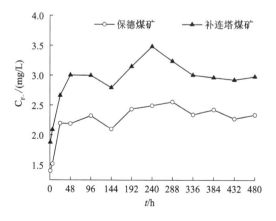

图 4-3　浸泡液中 F^- 质量浓度随时间的变化

下水质量标准》(GB/T 14848—2017)Ⅳ类水体 2 mg/L 和《地表水环境质量标准》(GB 3838—2002)Ⅳ类水体 1.5 mg/L 的浓度限值要求。这与煤矸石自身的含氟矿物及其含量有关。当水中氟化物浓度过高时,其可直接交换铝活性位羟基,并与其他阳离子结合,生成氟化铝沉淀,这是煤矸石浸泡液中氟化物浓度变化的原因之一[139]。

4.3 煤矸石中氮素的溶出

图 4-4(a~d)为浸泡液中硝酸盐氮、氨氮、亚硝酸盐氮和总无机氮(TIN)浓度随时间的变化规律。由图 4-4(a)可知,保德煤矿煤矸石浸泡液中硝酸盐氮的浓度在 0.118~0.148 mg/L 间波动;补连塔煤矿煤矸石浸泡液中硝酸盐氮浓度先增加,在 96 h 处取得最大值 0.352 mg/L,然后逐渐降低,这可能与硝酸盐的反硝化作用有关。

图 4-4(b)显示两种煤矸石浸泡液中的氨氮浓度均为先增加后降低,这是因为 NH_4^+ 浓度达到一定时,分散到溶液中的黏土微粒又对水体中的 NH_4^+ 发生了吸附作用,此外,铵态氮向硝酸盐氮和亚硝酸盐氮的转化,也会导致水体中的铵态氮减少[12]。保德煤矿煤矸石在第 96 h 处氨氮达到最大溶出量 0.558 mg/L,折合成每千克煤矸石的释放量为 2.232 mg;补连塔煤矿煤矸石在第 144 h 氨氮达到最大溶出量 3.598 mg/L,即 14.392 mg/kg,为保德煤矿煤矸石中氨氮最大溶出量的 6.45 倍。补连塔煤矿煤矸石浸泡液中的氨氮浓度普遍高于保德煤矿。

图 4-4(c)为两种煤矸石浸泡液中亚硝酸盐氮的浓度随时间变化趋势,整体上补连塔煤矿煤矸石浸泡液中亚硝酸盐氮的浓度要高于保德煤矿,但两种煤矸石中亚硝酸盐氮浓度具有相似的变化规律,均为逐渐增加,最后降

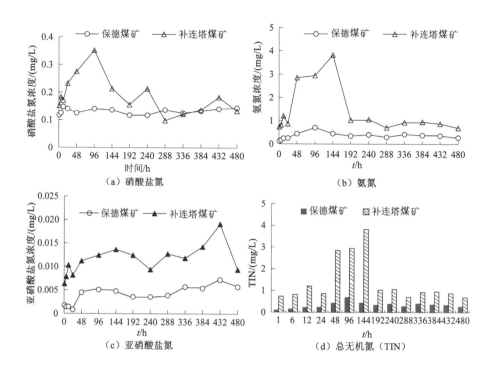

图 4-4 浸泡液中氨氮、硝酸盐氮、亚硝酸盐氮和 TIN 浓度随时间的变化

低,这是因为碱性及还原环境下不利于亚硝酸盐的存在[140],所以其溶出量一直保持较低水平,且作为氨氮与硝酸盐互相转化的中间产物,亚硝酸盐性质不稳定。由于补连塔煤矿煤矸石的"三氮"溶出均高于保德煤矿,因此补连塔煤矿煤矸石释放的 TIN 也比保德煤矿高[图 4-4(d)]。

4.4 保德煤矿和补连塔煤矿溶解性有机质的溶出对比研究

4.4.1 UV_{254} 和 DOC

图 4-5 为 2 种煤矸石浸泡液中 DOC 的含量变化,保德煤矿煤矸石浸出

液中 DOC 平均含量为 4.64 mg/L,溶出量最大值为 7.95 mg/L(96 h),而补连塔煤矿煤矸石浸出液中 DOC 平均含量为 19.01 mg/L,最大值为 55.62 mg/L(384 h),且 2 种煤矸石浸泡液中有机质含量在 384 h 后均呈下降状态,说明煤矸石中有机质溶解至水环境的同时也会伴随着吸附降解,且吸附降解的量逐渐大于溶出量,以至于水体中的有机质含量降低。

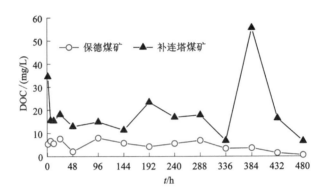

图 4-5　煤矸石浸泡液中 DOC 含量的变化规律

从图 4-6 可以看出,补连塔煤矿煤矸石浸泡液的 UV_{254} 与 DOC 具有良好的相关性,两者之间满足:

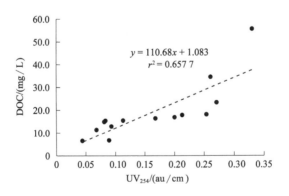

图 4-6　补连塔煤矿煤矸石浸泡液中 DOC 与 UV_{254} 相关性

$$DOC = 110.68UV_{254} + 1.083, r^2 = 0.657\ 7 \tag{4-4}$$

由此可以认为补连塔煤矿煤矸石浸泡液的溶解性有机质中含有一定量的共轭双键或苯环类简单芳香族化合物[141]。而保德煤矿煤矸石的 UV_{254} 与 DOC 相关性不大。

4.4.2　煤矸石中溶解性有机质的三维荧光分析

(1) 三维荧光光谱的 PARAFAC 结果

通过三维荧光光谱技术对煤矸石浸泡液中的溶解性有机质进行分析，根据得出的荧光数据，结合 Stedmon 的平行因子分析法[142]，利用 Matlab 软件中 DOMFluor 工具包对两种煤矸石的各 14 个浸泡液水样的三维荧光光谱进行平行因子法分析，通过载荷、杠杆和残差分析来缩小组分范围，最后通过折半分析进行验证来确定最佳组分数。

基于 PARAFAC 模型分析，扣除 288 h 处的异常样品，确定保德煤矿煤矸石浸泡液中 DOM 具有 2 种荧光组分，具体荧光峰特征和各 DOM 样品 2 组分中最大荧光峰的相对荧光强度以及激发、发射波长载荷如图 4-7 所示。C1 和 C2 均具有一个激发峰、两个发射峰，其中 245 nm/295 nm 和 255 nm/280 nm 两处的荧光峰表示氨基酸类，其游离或结合在蛋白质中，荧光特征类似于酪氨酸。245 nm/390 nm 处的荧光峰表示相对分子质量较小的短波类腐殖质，其在海洋中较常见并与生物活动有关[142,143]；255 nm/420 nm 处的荧光峰则表征相对分子质量较大的芳香氨基酸类，荧光特征与富里酸类似[143,144]。从 Scores 可以看出各煤矸石浸泡液中 DOM 的 2 组分模型中最大荧光峰的相对荧光强度的变化情况，其中以 96 h 处 DOM 的相对荧光强度最高，384 h 处次之。

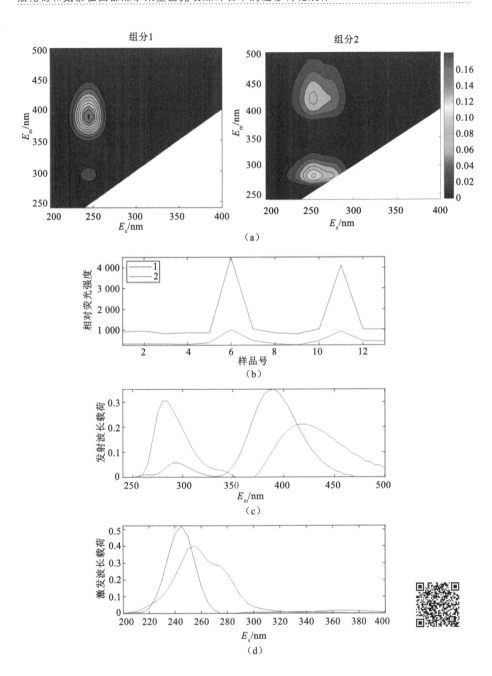

图 4-7　保德煤矿煤矸石浸泡实验中 DOM 的 2 组分模型及其载荷

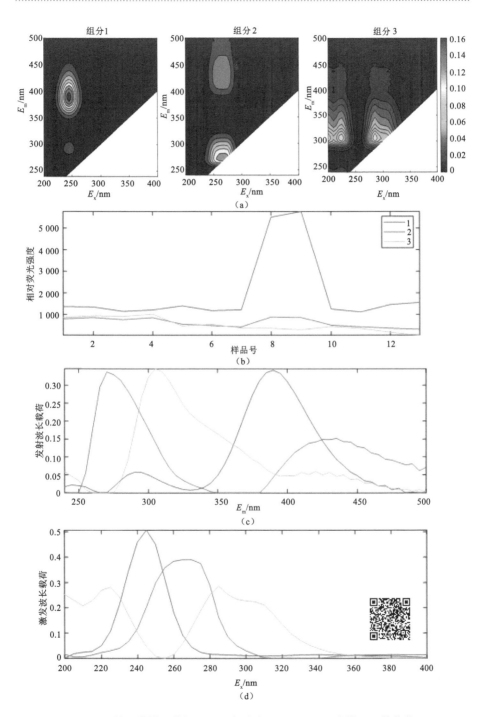

图 4-8　补连塔煤矿煤杆石浸泡实验中 DOM 的 3 组分模型及其载荷

去除 240 h 处的异常样品后,补连塔煤矿煤矸石浸泡液中 DOM 样品的 PARAFAC 的分析结果呈现 3 种组分,如图 4-8 所示。C1(245/390 nm)组分与保德煤矿的组分 1 相似,C2 具有一个激发峰和两个发射峰,而 270 nm/270 nm 处的荧光峰之前并未有报道,但其发射波长跨度在 250～330 nm 之间,可视其为发生过红移的类酪氨酸类物质;270 nm/425 nm 处的荧光峰则代表相对分子质量较大的陆源腐殖质,较普遍且在湿地和森林环境中含量最高[145-147]。C3 具有一个发射峰和两个激发峰,其所代表的分别是低激发态酪氨酸(225 nm/305 nm)和高激发态酪氨酸(285 nm/305 nm)类物质[144]。同时,以 288 h 和 192 h 处 DOM 样品的相对荧光强度较大。

(2) 煤矸石中 DOM 的荧光指数特征

各取样点 DOM 样品的 FI、BIX 及 HIX 指数计算结果汇总于表 4-1,其中荧光指数 FI(f_{470}/f_{520})反映了芳香氨基酸与非芳香物对 DOM 荧光强度的相对贡献率,可作为物质来源及 DOM 降解程度的指示指标;FI 指数的 2 个端源值 1.4 和 1.9 分别表征了陆源 DOM 和内源 DOM。由表 4-1 看出,2 种煤矸石的 FI 指数取值范围为 2.634～2.972、2.167～2.437,均大于 1.9,所以煤矸石中 DOM 以内源输入为主,主要源于微生物活动。生物源指数 BIX 反映 DOM 自生源相对贡献率,当 BIX 大于 1.0 时为生物或细菌活动产生,且有机质为新近产生[148]。表 4-1 中 2 种煤矸石 DOM 的 BIX 指数平均值分别为 1.128 和 0.964,说明其有机质主要为生物或细菌活动新近产生,且保德煤矿煤矸石中 DOM 的自生源程度比补连塔煤矿的要强。腐殖化指数 HIX 可反映 DOM 腐殖化程度,当 HIX＜4 时,表示 DOM 为生物或水生细菌来源;当 HIX 在 4～6 之间时表示 DOM 为弱腐殖质和近期重要的原生组分;当 HIX 在 6～10 时表示 DOM 为强腐殖质和近期原生组分[149]。而表 4-1 中 2 种煤矸石 DOM 的 HIX 指数的最大值分别为 1.365 和 1.900,均小于 4,进一步说明煤矸石中 DOM 的来源为生物或细菌产生。

表 4-1 煤矸石 DOM 的 FI、BIX、HIX 指数

项目	FI		BIX		HIX	
	保德煤矿	补连塔煤矿	保德煤矿	补连塔煤矿	保德煤矿	补连塔煤矿
取值范围	2.634～2.972	2.167～2.437	1.010～1.339	0.815～1.137	0.915～1.365	0.838～1.900
总均值	2.849	2.325	1.128	0.964	1.127	1.359
变异系数/%	3.57	4.13	7.79	9.94	23.31	14.31

由表 4-1 可知,保德煤矿煤矸石 FI、BIX 指数高于补连塔煤矿,而 HIX 指数则相反。由于补连塔煤矿煤矸石形成于侏罗纪时期,要晚于保德煤矿煤矸石的二叠纪时期,所以保德煤矿煤矸石 DOM 样品的 FI 和 BIX 指数略高于补连塔煤矿煤矸石 DOM 样品,这说明地质年代越早,煤矸石 DOM 样品的"微生物源"特征越明显,而补连塔煤矿煤矸石 DOM 样品 HIX 指数较高,说明地质年代越晚,煤矸石 DOM 样品受"外源"的影响就越大。

4.5 pH 及电导率的变化

保德煤矿及补连塔煤矿煤矸石浸泡液的 pH 及电导率变化情况分别如图4-9所示。由图 4-9(a)知,保德煤矿煤矸石浸泡液的 pH 为 7.61～8.33,补连塔煤矿煤矸石浸泡液的 pH 在 7.39～8.59 之间波动,并有明显上升趋势,2 种煤矸石浸泡液均呈弱碱性。由图 4-9(b)知,2 种煤矸石浸泡液的电导率均随浸泡时间的增加而逐渐上升,并且补连塔煤矿煤矸石浸泡液的总离子浓度高于保德煤矿的,这与补连塔煤矿煤矸石矿物组分较为复杂及较高的金属氧化物含量有关。补连塔煤矿煤矸石浸泡液的电导率在上升过程中存在较大的波动,并在 384 h 达到最高值 438.7 μS/cm,之后逐渐趋于稳定。

保德煤矿煤矸石浸泡液的电导率与浸泡时间呈现显著的对数增长关系：

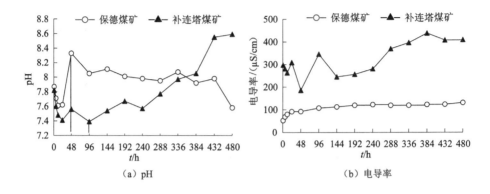

图 4-9　煤矸石浸泡液中 pH 及电导率(EC)变化规律

$$EC = 12.619\ln(t) + 49.471, r^2 = 0.982\ 4 \tag{4-5}$$

4.6　小结

（1）两种煤矸石氟化物的溶出均在浸泡振荡 24～48 h 内快速升高，后缓慢上升并趋于稳定。氟化物的溶出以补连塔煤矿较高。这与煤矸石的含氟矿物及其含量有关。当水中氟化物浓度过高时，可直接交换铝活性位羟基，并与其他阳离子结合生成氟化铝沉淀，这是煤矸石浸泡液中氟化物浓度变化的原因之一。

（2）两种煤矸石无机氮的溶出均以氨氮的量最高，其释放规律为先增加后降低，后期变化缓慢；保德煤矿每千克煤矸石中氨氮最大溶出量为第 96 h 处的 2.232 mg/kg，补连塔煤矿煤矸石在第 144 h 达到最大溶出量 14.392 mg/kg。硝酸盐氮和亚硝酸盐氮的浓度较低，且补连塔煤矿煤矸石释放的无机氮浓度普遍高于保德煤矿。

（3）补连塔煤矿煤矸石浸泡液中 DOM 含量普遍高于保德煤矿，补连塔

煤矿煤矸石的 UV_{254} 与 DOC 具有一定的相关性：$DOC = 110.68UV_{254} + 1.083, r^2 = 0.657\ 7$。三维荧光光谱结合平行因子分析法发现，保德煤矿煤矸石溶出 DOM 可分解出两种组分，分别表征着酪氨酸、短波腐殖质和富里酸类有机质，煤矸石浸泡液中以 96 h 处 DOM 的相对荧光强度最高；补连塔煤矿煤矸石溶出 DOM 分解得出 3 种组分，除酪氨酸和富里酸类物质外，还含有一定相对分子质量较大的陆源类腐殖质，且以 288 h 处的相对荧光强度最大。

（4）通过对 2 种煤矸石 DOM 的 FI、BIX、HIX 3 种荧光指数分析可得，2 种煤矸石中 DOM 均以内源有机质为主，且具有较强的自生源特征，这与生物或细菌活动密切相关。保德煤矿煤矸石 FI、BIX 指数高于补连塔煤矿，而 HIX 指数则相反，这说明地质年代越早，煤矸石 DOM 样品的"微生物源"特征越明显，受"外源"的影响也就越小。

（5）2 种煤矸石浸泡液均呈弱碱性，保德煤矿煤矸石浸泡液的电导率随着时间满足对数增长趋势：$EC = 12.619\ln(t) + 49.471, r^2 = 0.982\ 4$。补连塔煤矿煤矸石浸泡液的电导率在第 384 h 达到最高值 438.7 $\mu S/cm$，之后逐渐趋于稳定。由于煤矸石自身物质含量及矿物结构不同，补连塔煤矿煤矸石浸泡液的总离子浓度高于保德煤矿。

5 氟化物在煤矿采空区充填煤矸石中的迁移规律

本章以国家能源集团神东煤炭集团有限责任公司补连塔煤矿侏罗系煤矸石和保德煤矿二叠系煤矸石为充填介质、以矿井水中的氟化物为研究对象,通过模拟采空区的水文地质环境,开展动态柱模拟实验,结合数值模拟和室内外样品理化指标的分析,对比研究氟化物在煤矿采空区充填不同地质年代煤矸石中的迁移转化规律。

5.1 实验方法与内容

5.1.1 实验装置

柱模拟实验装置主要包括供液装置(供液瓶、蠕动泵及进水阀门)、主体装置(柱模拟和恒温装置)及取样装置(取样瓶及出水阀门)三部分。

首先将过 5 mm 筛、混合均匀的补连塔煤矿或保德煤矿煤矸石(详见3.1.1内容)填充于高 50 cm、内径为 7 cm 的 2 个有机玻璃柱中。柱子上下两端均采用 30 μm 滤布作为反滤层,以避免矸石堵塞出水孔,且填充 5 cm 高的石英砂以起到过滤和均匀布液的作用。在有机玻璃柱的顶部与底部法兰盖中心设有内径 5 mm 的圆孔并接支管作为进样或出样口,支管和蠕动泵间连接橡胶软管作为进液通道,在整个实验过程中用蠕动泵和供液箱来稳定供水。实验采用分层填装法来填充煤矸石,每隔 5 cm 填充一次。填充时为避免出现人为分层界面,每次填充前需将之前夯实的表面抓毛,煤矸石柱填充照片见图 5-1。

图 5-1　煤矸石柱填充过程照片

根据矿区提供的地质、水文地质资料,模拟的两矿对矿井水进行净化处理的地下采空区埋深在 150~300 m,为有效模拟煤矿采空区填充煤矸石的恒温及避光条件,将煤矸石柱置于恒温控制箱内开展实验,恒温培养箱侧壁和顶板打孔(孔径 1 cm)作为溶液的通道。箱内有效尺寸为高 120 cm、长 60 cm、宽 50 cm,恒温培养箱技术参数:温差范围为 ±1.0 ℃,温控范围:室温~ 85 ℃,温差范围为 ±1 ℃。矸石柱、蠕动泵及供液瓶间的连接采用硅胶管和橡胶软管,进入恒温培养箱里的橡胶软管须保持一定长度以确保淋入液达到设定温度后再进入柱内,装置简图见图 5-2。

测得补连塔煤矿煤矸石柱容重为 1.78 g/cm³,有效孔隙度为 0.31;保德煤矿煤矸石柱容重为 1.73 g/cm³,有效孔隙度为 0.31。

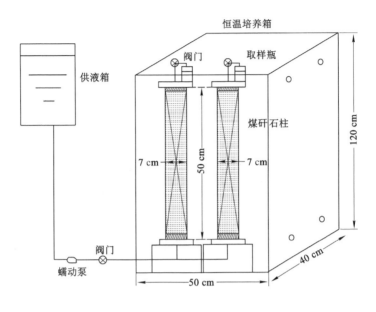

图 5-2　实验装置图

5.1.2　实验内容

(1) Cl⁻淋滤实验

Cl⁻是一种常见的保守性溶质,由于其性质稳定、不易与其他溶质或岩土介质发生化学反应,吸附性也极弱,因此常被用作室内外地下水溶质运移研究的示踪剂,以确定溶质的水动力弥散特征及水文地质参数。实验开始之前,向煤矸石柱中自下而上通入去离子水,以达到驱气饱水的目的。连续通入去离子水,待淋出液电导率保持稳定后,开始通入提前配制好的氯化钠标准溶液(Cl⁻浓度 C_0 为 201.56～205.94 mg/L),分别开展不同达西流速($q=1.56$ cm/h、$q=3.12$ cm/h、$q=6.24$ cm/h)条件下的淋滤实验,以对比分析 F⁻的运移规律。

按照设置好的取样时间进行取样测定 Cl⁻浓度,当淋出液中 Cl⁻浓度达到穿透($C/C_0 \geqslant 0.98$)后改用去离子水通入模拟柱,待淋出液浓度降至背景值开始下一流速条件的实验。

（2）F⁻淋滤实验

Cl⁻淋滤实验结束后,开展达西流速 q 为 1.56 cm/h、3.12 cm/h、6.24 cm/h 条件下 F⁻（F⁻浓度为 9.95～10.102 mg/L）的淋滤实验。参考第 3 章检测分析得到的矿井水中 F⁻浓度范围,精准称取 0.221 0 g 氟化钠试剂（优级纯）溶于 1 L 容量瓶中摇匀,得到 100 mg/L 的 F⁻标准贮备液,之后稀释 10 倍（F⁻质量浓度为 9.95～10.102 mg/L）作为淋入液。

每组实验开始前,以去离子水自下而上通入煤矸石柱中,待淋出液电导率保持稳定后,通入配制好的淋入液进行实验。按照设置时间收集淋出液,当淋出液中 F⁻浓度达到穿透（$C/C_0 \geqslant 0.98$）后,通入去离子水直至淋出液 F⁻浓度降至背景值。

实验温度均为 25 ℃。

淋出液中 Cl⁻、F⁻浓度测定方法详见 3.2.2 内容。

5.1.3 溶质运移模型

（1）平衡 CDE 模型

平衡 CDE 模型描述的是稳流条件下、溶质在均匀介质中的一维运移过程,该过程包含了溶质对流、弥散和吸附作用,可用如下方程式表示[150]：

$$R \frac{\partial C}{\partial t} = D_L \frac{\partial^2 C}{\partial x^2} - v \frac{\partial C}{\partial x} \tag{5-1}$$

式中　D_L——纵向弥散系数,cm²/min;

　　　　t——扩散时间,min;

　　　　R——阻滞系数,Cl⁻为非反应性溶质,$R=1$;

　　　　x——运移距离,cm;

v——孔隙流速,cm/h。

(2) 双点位吸附溶质运移模型

双点位吸附溶质运移模型将吸附点位分为平衡吸附点位 1 和非平衡吸附点位 2,平衡吸附可用平衡 CDE 模型来表征;非平衡吸附为动态吸附,吸附速率由化学反应或分子的扩散过程控制,多遵循一级动力学变化规律,详见以下公式:

$$\beta R \frac{\partial C_1}{\partial T} = \left(\frac{1}{P_e}\right)\left(\frac{\partial^2 C_1}{\partial Z^2}\right) - \left(\frac{\partial C_1}{\partial Z}\right) - \omega(C_1 - C_2) \tag{5-2}$$

$$(1-\beta)R\frac{\partial^2 C_2}{\partial T} = \omega(C_1 - C_2) \tag{5-3}$$

$$\omega = [\alpha(1-\beta)RL]/v \tag{5-4}$$

$$f = (\beta R - 1)/(R - 1) \tag{5-5}$$

$$R = 1 + \rho K_d/\theta \tag{5-6}$$

$$T = vt/L, Z = x/L$$

式中 P_e——Peclet 指数;

β——岩-水体系溶质在可动区与不可动区的分配系数;

ω——岩-水体系从可动区向不可动区的质量传递系数;

T——无量纲时间;

L——溶质的运移距离,cm;

f——平衡吸附点位占总吸附点位的比例;

C_1、C_2——不同类别吸附点位溶质质量浓度与初始质量浓度 C_0 的相对值;

K_d——线性分配系数,L/kg;

ρ——土柱密度,g/cm³;

θ——土柱孔隙度。

（3）煤矸石对氟化物的吸附量

单位质量煤矸石对氟化物的吸附量采用以下公式计算：

$$S = K_d C_p \tag{5-7}$$

式中 C_p——平衡时溶质质量浓度，mg/L；

$\quad\quad$ S——氟化物吸附量，mg/kg。

5.1.4 参数计算

CXTFIT 2.1 是美国盐土实验室开发的探究一维溶质运移过程的模拟软件，可用于溶质迁移模型参数测定，并预测一定时间、空间内的溶质运移过程。本章首先以 CXTFIT 2.1 软件对实测 Cl^- 的穿透曲线运用非线性最小二乘法优化求解得到纵向弥散系数 D_L 值，之后采用 CDE 模型拟合 F^- 的穿透曲线反求出 R 和 v 值，再利用双点位吸附溶质运移模型反求出 R、β 及 ω 值，最后利用式(5-4)、式(5-5)得出 α 和 f 值。

5.2 氟化物在补连塔煤矿采空区充填煤矸石中的迁移规律

5.2.1 溶质迁移参数的确定

（1）Cl^- 穿透曲线

在达西流速为 3.12 cm/h(流量 2 mL/min)、淋入液 Cl^- 质量浓度 C_0 为 202.43 mg/L 条件下开展 Cl^- 淋滤实验。分别以柱底淋出液 Cl^- 的质量浓度、取样时间为纵坐标和横坐标，得到 Cl^- 的实测穿透曲线如图 5-3 所示。从图 5-3 中可以看出，在淋滤液浓度和流量稳定的情况下，$t \leqslant 2.25$ h 时，Cl^-

质量浓度在背景值波动,2.25 h≤t≤8.5 h 时,Cl⁻ 质量浓度快速上升,8.5 h ≤t≤13 h 时,Cl⁻ 质量浓度缓慢上升并于 12 h 时达到穿透(C/C_0≥0.98), 之后保持稳定。

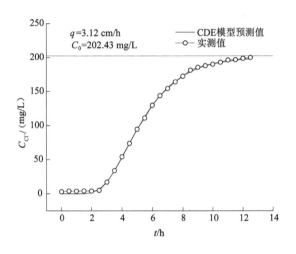

图 5-3 Cl⁻ 在煤矸石柱中的穿透曲线

(2) 数值模拟结果及分析

以 CXTFIT2.1 软件对实验数据进行拟合,确定 Cl⁻ 的运移参数,并对比分析 F⁻ 的运移规律。软件模拟计算过程采用 CDE 模型对数据进行拟合,固定 v 和 $R(R=1)$,反求出 D_L,拟合结果如图 5-3 和表 5-1所示。由图 5-3 和表 5-1 可知,拟合穿透曲线与实测穿透曲线较为吻合,相关系数 $r^2=0.999$,这说明 Cl⁻ 在充填煤矸石柱中的迁移过程可以用 CDE 模型较好地表征。拟合得到的孔隙流速 v 为 8.91 cm/h,弥散系数 D_L 为 40.61 cm²/h,阻滞系数 R 为 0.995,近似为 1,这也进一步说明了 Cl⁻ 性质稳定、不易与其他溶质发生化学反应或被岩石吸附[151-153]。与于长江[154]研究的 Cl⁻ 在中砂、细砂和粉砂中的迁移规律相比,本实验弥散系数 D_L 要远小于中砂,略小于细砂但大于粉砂,这表明岩土介质的粒径和孔隙度是影响弥散系数的主要因素之一。

表 5-1　Cl⁻运移参数

流量/(mL/min)	孔隙度 θ	q/(cm/h)	CDE 模型					
			D_{L}/(cm²/h)	v/(cm/h)	R	r^2	λ/cm	P_{e}
2	0.31	3.12	40.61	8.91	0.995	0.999	4.56	10.97

5.2.2　F⁻的迁移规律

(1) F⁻穿透曲线

在 25 ℃、达西流速 $q=3.12$ cm/h 条件下开展 F⁻的穿透实验,初步探究 F⁻在煤矿采空区充填煤矸石中的迁移规律。淋出液中 F⁻质量浓度随时间变化的穿透曲线如图 5-4 所示。F⁻质量浓度经历了缓慢上升、快速上升、缓慢上升至稳定的三个阶段。0~18.5 h,C/C_0 在 0.01~0.11 之间缓慢上升,18.5~192.5 h 之间 F⁻质量浓度迅速升高至较高水平($C/C_0=0.11~0.91$),在 192.5~360.5 h 之间 F⁻质量浓度缓慢上升至 $C/C_0 \geqslant 0.98$,达到穿透。从图5-3和图 5-4 中可以看出,12.5 h 时,Cl⁻和 F⁻的 C/C_0 值分别达到 0.982 和 0.051,淋出液 F⁻的质量浓度变化相较于 Cl⁻存在明显的延迟

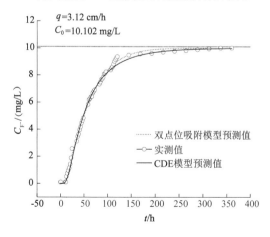

图 5-4　F⁻在煤矸石柱中的穿透曲线

现象,这说明煤矸石对 F^- 有较强的吸附作用。

(2) 数值模拟

① CDE 模型

以 CDE 模型对 F^- 穿透实验数据进行拟合,结果如表 5-2 所示。由表中数据可知,CDE 模型拟合的相关系数 r^2 为 0.995,这说明 CDE 模型可以较好地描述 F^- 的运移过程。相同流速下,F^- 的阻滞系数 R 为 8.84,孔隙流速 v 和弥散系数 D_L 均小于 Cl^-,这表明煤矸石对 F^- 具有较强的吸附作用,可对 F^- 运移过程产生重要影响。

表 5-2　F^- 和 Cl^- 运移数值模拟结果

溶质	$C_0/$ (mg/L)	温度/℃	$q/(cm/h)$	CDE 模型			
				$D_L/(cm^2/h)$	$v/(cm/h)$	r^2	R
Cl^-	202.43	25	3.12	40.61	8.91	0.999	0.995
F^-	9.96	25		4.59	1.01	0.995	8.84

② 双点位吸附溶质运移模型

依据淋出液 F^- 实测浓度,采用双点位吸附溶质运移模型对 F^- 运移过程进行数值模拟,并与 CDE 模型拟合结果进行对比,结果如表 5-3 所示。由表中数据可知,两模型数值模拟相关系数相等($r^2 = 0.995$)。分配系数 β 为 0.99,这说明 F^- 在煤矸石柱中的运移主要集中在可动区。F^- 在煤矸石上的平衡吸附点位占总吸附点位的比值 f 为 0.99,这说明 F^- 主要受煤矸石的平衡吸附作用,非平衡吸附作用可以忽略,这从较小的质量传递系数($\omega = 1 \times 10^{-6}$)也可以得到证实,因此 CDE 模型就可以较好地表征 F^- 在模拟的补连塔煤矿地下水库采空区充填煤矸石中的运移过程。

表 5-3　双点位吸附溶质运移模型与 CDE 模型拟合结果对比

C_0/ (mg/L)	温度/ ℃	q/ (cm/h)	CDE 模型		双点位吸附溶质运移模型				
			R	r^2	R	β	ω	f	r^2
9.96	25	3.12	8.84	0.995	10.82	0.99	1×10^{-6}	0.99	0.995

5.3　流速对 Cl^- 和 F^- 在补连塔煤矿采空区充填煤矸石中的迁移影响

参考矿区水文地质资料以及采空区矿井水的水力停留时间,对比分析 $q=6.24$ cm/h 和 $q=1.56$ cm/h 条件下 Cl^- 和 F^- 的迁移规律,以分析流速对其迁移过程水文地质参数影响,明确氟化物在补连塔煤矿采空区充填煤矸石中的迁移机制。

5.3.1　流速对溶质迁移参数的影响

(1) Cl^- 穿透曲线变化

25 ℃,达西流速为 6.24 cm/h、1.56 cm/h 时的 Cl^- 穿透曲线如图 5-5 所示。虽然流速不同,但两组实验的穿透曲线变化趋势与 5.2.1 节相似。在 $q=1.56$ cm/h 条件下 $t\leqslant7$ h 时,淋出液 Cl^- 质量浓度在背景值附近波动;$7\leqslant t\leqslant19$ h 时,Cl^- 质量浓度快速上升,此时 $C/C_0=0.91$;$19\leqslant t\leqslant25$ h 时,溶质达到穿透($C/C_0\geqslant0.98$)。随着流速增加至 6.24 cm/h 时,实验初期 Cl^- 在背景值附近波动的时间显著缩短,溶质达到穿透的时间点($C/C_0\geqslant0.98$)也随之缩短至 5.75 h。结合 5.2.1 节 Cl^- 的实验和数值模拟结果,可以得到:随着流速的增大,Cl^- 的渗透速率增加,溶质穿透时间缩短,在同一孔隙介质中,流速是影响 Cl^- 运移的主要因素之一。

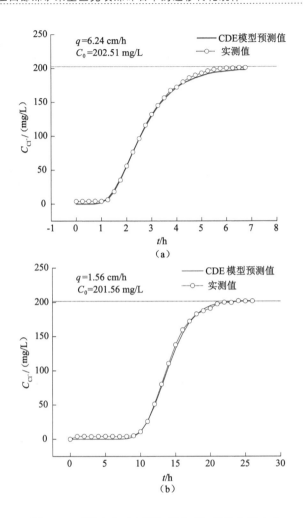

图 5-5　不同流速下实测与拟合 Cl⁻ 穿透曲线变化

（2）数值模拟结果

两个流速下的 Cl⁻ 运移数值模拟结果汇总于表 5-4。由表中数据可知，在达西流速减小时，其孔隙流速 v 和弥散系数 D_L 相应降低，但是阻滞系数 R 却近似为 1，这进一步说明 Cl⁻ 和煤矸石间的吸附、化学反应可以忽略[152,153]。两个流速下的拟合相关系数 r^2 均为 0.999，因此 CDE 模型可以较好地表征 Cl⁻ 在煤矸石柱中的运移规律。结合 5.2.1 部分结果，三个流速

下 P_e 均大于 10,说明溶质运移以对流为主。尽管流速明显减小,但弥散度 λ 在 4.56～4.91 cm 间相差不大,这是因为弥散度主要与岩土介质性质有关[155]。乔肖翠等[156]在研究 DOM 及 pH 值对典型 PAHs 在土塘中迁移影响中,以 Cl^- 为示踪剂所得出的孔隙流速 v 和弥散系数 D_L 要远小于本实验拟合值,这与较低的沙壤土孔隙度和流速均有关。马小云等也证实土壤孔隙特征会显著影响溶质运移过程,颗粒间孔隙越大,颗粒越均匀,则水动力弥散系数越大[157]。

表 5-4　不同流速条件下 Cl^- 运移参数一览表

流量/(mL/min)	孔隙度 θ	q/(cm/h)	v/(cm/h)	D_L/(cm²/h)	R	r^2	λ/cm	P_e
4	0.31	6.24	17.8	83.1	1.013	0.999	4.67	10.71
1		1.56	4.66	22.89	0.988	0.999	4.91	10.18

5.3.2　流速对 F^- 的运移影响

(1) 穿透曲线变化

两个流速下的 F^- 穿透曲线如图 5-6 所示。由图 5-6 可知,两个条件下 F^- 质量浓度变化趋势相似,均经历了背景值附近波动、快速上升至较高水平以及缓慢上升趋于稳定三个阶段。在 $q=1.56$ cm/h,$t\leqslant64$ h 时,F^- 质量浓度在背景值附近波动,64 h $\leqslant t\leqslant310$ h 时,F^- 质量浓度快速上升至较高值 ($C/C_0=0.91$),之后 F^- 质量浓度缓慢上升至达到穿透($C/C_0\geqslant0.98$)。而在 $q=6.24$ cm/h 时,F^- 质量浓度快速上升(5.5 h 后)及达到穿透的时间(49.5 h)明显缩短。对比三个流速($q=6.24$ cm/h、3.12 cm/h 和 1.56 cm/h)下的穿透曲线,发现随着流速的减小,穿透时间显著延长,这说明低流速下煤矸石对 F^- 的吸附效果更加显著。

(2) 数值模拟结果

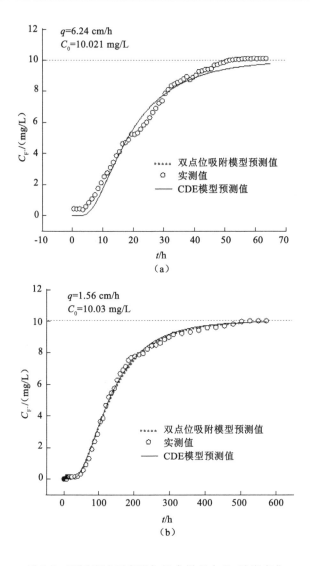

图 5-6 不同流速下实测与拟合样品中 F⁻浓度变化

　　将不同流速下的 F⁻实测浓度分别采用 CDE 模型以及双点位吸附溶质运移模型进行数值模拟,拟合结果如表 5-5 所示。由于两个模型拟合的穿透曲线与实测值均较吻合,因此两个模型拟合的穿透曲线几乎重合,详见图 5-6。从表 5-5 中数据可以看出两模型计算的 R 值较为接近。不同流速

下的分配系数 β 值均在 0.98 以上,这进一步证实 F^- 运移主要发生在可动区。由于质量传递系数 ω 数值接近于 0,因此煤矸石对溶质的吸附以平衡作用为主,这从三个流速条件下 F^- 在煤矸石上的平衡吸附点位占总吸附点位的比值($f \geqslant 0.98$)也可以看出[158]。这进一步说明 CDE 模型可以更好地描述 F^- 在煤矸石柱中的运移过程。

表 5-5   不同流速条件下 F^- 运移参数一览表

$C_0/$ (mg/L)	温度/℃	$q/$(cm/h)	CDE 模型		双点位吸附溶质运移模型				
			R	r^2	R	β	ω	f	r^2
9.95	25	6.24	5.14	0.984	5.52	0.99	1×10^{-6}	0.98	0.984
9.96	25	1.56	17.44	0.998	15.86	0.98	7×10^{-5}	0.98	0.997

5.3.3 pH 和 EC 的动态变化

图 5-7(a)、(b)、(c)为三个流速下淋出液 pH 值随时间的动态变化图。由图中数据可以看出,不同流速条件下的 pH 值均经过背景值附近波动、快速上升以及缓慢上升趋于稳定的三个阶段,即当 $q=6.24$ cm/h、3.12 cm/h、1.56 cm/h 时,pH 值分别由背景值 8.02、7.85、8.41 逐渐升高并稳定至 8.70、8.60、9.10,其变化规律和 F^- 的穿透曲线有些相似。

随着淋入液的持续通入,填充煤矸石中含有的 Al、Fe、Ca 及其氧化物在对 F^- 吸附的过程中不断有 OH^- 被交换出来,因此淋出液 pH 值呈上升趋势,当填充介质对 F^- 吸附趋于饱和时,被交换出来的 OH^- 数量也无明显变化,从而使得实验中后期 pH 值趋于稳定。张红梅在探究 F^- 在运城盆地土壤中的运移规律实验中发现:随着 F^- 在土壤中迁移,F^- 吸附过程伴随着 OH^- 的释放,使得土壤溶液 pH 值由中性过渡到碱性[159],这与本研究结果一致。由于 $q=1.56$ cm/h 时煤矸石对氟的吸附量最大,使得实验中后期淋出液 pH 值也最高,增加的水-岩接触时间也可使岩石中更多的碱性物质溶解于水中导致 pH 值上升。pH 值的动态变化也进一步说明了矸石柱中 F⁻ 的运移主要以吸附、对流及弥散作用为主。

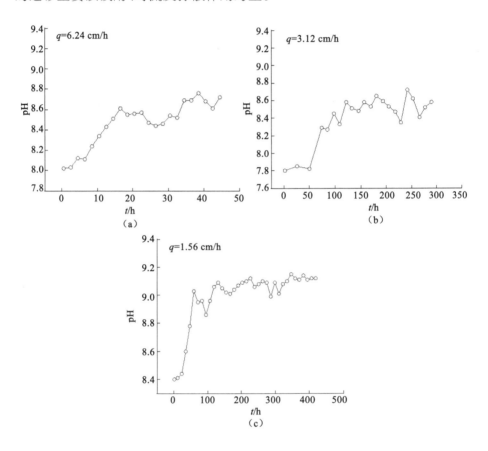

图 5-7　不同达西流速下样品 pH 值的动态变化

淋入液 EC 值为 30 μS/cm,不同流速下淋出液 EC 动态变化如图 5-8 所示。各流速下的淋出液 EC 值最初在背景值波动,之后快速升高,随 F⁻ 质量浓度达到穿透后保持稳定。由于 $q=1.56$ cm/h 时 F⁻ 穿透时间较长,淋入液的持续通入会导致充填介质阴阳离子的更多溶出,因此 EC 背景值及增加量也最高。随着流速增加,实验中后期淋出液 EC 值也越低,但三组实验结束时 EC 值均高于背景值,这是因为随着实验进行,F⁻虽被煤矸石不断吸附,但是煤矸石中组分的溶出及注入的 Na⁺均可导致 EC 值的升高。

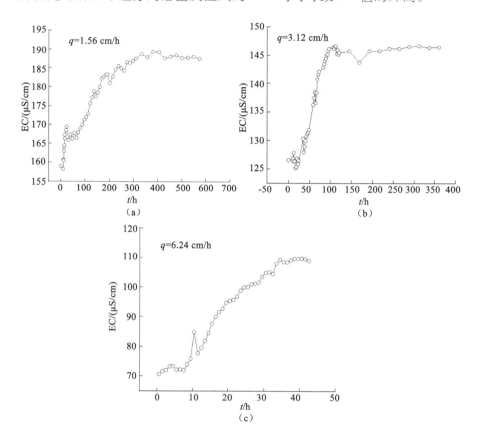

图 5-8　淋出液 EC 的动态变化

5.4　氟化物在保德煤矿采空区充填煤矸石中的迁移规律

5.4.1　溶质迁移参数及其随流速变化

25 ℃、达西流速分别为 $q＝6.24$ cm/h、3.12 cm/h 和 1.56 cm/h 时,Cl⁻

的穿透曲线如图5-9(a)、(b)、(c)所示。由图可知,三个流速条件下Cl⁻的穿透曲线变化规律与5.3节相似,但是由于填充介质及孔隙的差异而又有所不同。如在 $q=6.24$ cm/h、$C_0=202.94$ mg/L 的条件下,$t\leqslant1.25$ h 时,Cl⁻在背景值附近波动,1.25～5.5 h 时,Cl⁻质量浓度快速上升到 188.34 mg/L ($C/C_0=0.92$),6.75 h 之后 $C/C_0\geqslant0.98$ 达到穿透。在 $q=3.12$ cm/h、1.56 cm/h 的条件下,随着流速的减小,实验初期 Cl⁻质量浓度在背景值附近波动的时间延长,溶质达到穿透($C/C_0\geqslant0.98$)的时间点由 13.5 h 延长至 30 h。随着流速的增加,溶质穿透时间缩短。

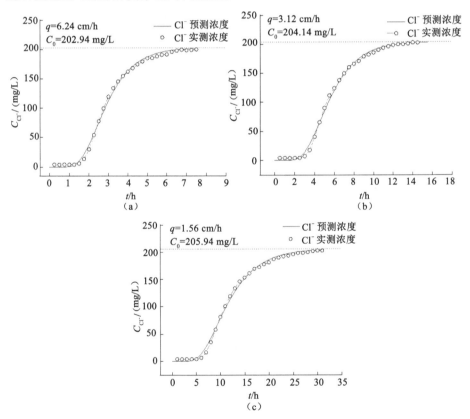

图 5-9　不同达西流速条件下 Cl⁻ 穿透曲线

计算得到的溶质纵向弥散系数 D_L、弥散度 λ、机械弥散系数 D_h、分子扩散系数 D_f 及 P_e 数值详见表 5-6。由表中数据知，D_L、D_h 和 D_f 均随着流速的增加而增大，P_e 则相反，这是由于流速增大会加快溶质的扩散速率，从而导致弥散系数增大[160-162]。溶质运移机械弥散系数 D_h 远大于分子扩散系数 D_f，因此模拟达西流速条件下，Cl⁻ 运移过程中的弥散作用以机械弥散为主，分子扩散可以忽略。弥散度 λ 差异不大，在 4.1～4.9 间，这与 5.3.1 节数值结果相近。弥散系数 D_L 略小于 5.2 节 Cl⁻ 拟合数值，这应当与填充介质性质的差异性相关。

表 5-6　煤矸石柱的水力学参数

| 温度 /℃ | θ | $q/$ (cm/h) | CDE 模型 | | | λ/cm | $D_h/$ (cm²/h) | $D_f/$ (cm²/h) | P_e |
			$D_L/$ (cm²/h)	$v/$ (cm/h)	r^2				
25	0.31	6.24	65.93	16.29	0.997	4.1	65.92	0.31	12.35
25	0.31	3.12	37.09	8.42	0.998	4.4	36.92	0.17	11.35
25	0.31	1.56	19.62	4.00	0.997	4.9	19.53	0.09	10.19

注：$\lambda = D_L/v$, cm；$D_f = v_d/P_e$, cm²/h；$D_h = D_L - D_f$, cm²/h；P_e 表示 Pelet 指数，$P_e = vL/D_L$, $L = 50$ cm；矸石平均粒径 $d = 2.33$ mm。

5.4.2　F⁻ 迁移规律及其随流速变化

三个流速下 F⁻ 的穿透曲线如图 5-10(a)、(b)、(c) 所示。从图中数据可以看出，不同流速下的 F⁻ 质量浓度变化趋势与 Cl⁻ 相似，但是每个流速条件下的穿透时间也均迟于同条件下的 Cl⁻ 结果，这与 5.2 和 5.3 节研究结果一致。

在 $q = 6.24$ cm/h 的条件下，$t \leqslant 2.5$ h 时，F⁻ 质量浓度在背景值附近波动(0～0.11 mg/L)，3.5 h $\leqslant t \leqslant 26.5$ h 时，F⁻ 质量浓度达到 9.15 mg/L $(C/C_0 = 0.92)$，在 26.5 h $\leqslant t \leqslant 40.5$ h 间 F⁻ 质量浓度缓慢升到 9.87 mg/L

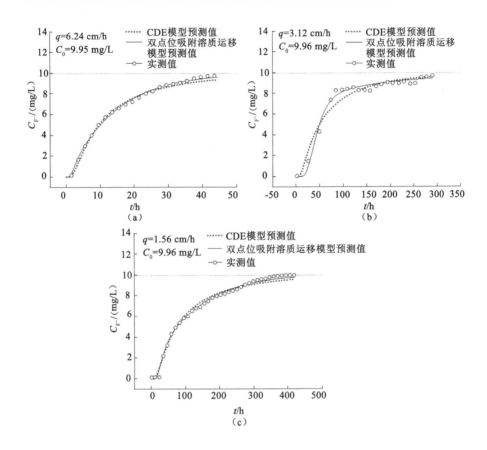

图 5-10　不同达西流速下淋出液实测与拟合的 F^- 浓度变化

$(C/C_0 \geqslant 0.98)$，之后趋于稳定，对应各时间节点明显晚于同条件下的 Cl^- 运移实验结果。在 $q=3.12$ cm/h、1.56 cm/h 的条件下，对应穿透时间分别为277 h、359 h。相比于相同流速条件下 Cl^- 达峰时间 6.75 h、13.5 h、30 h，F^- 达峰时间 $(C/C_0 \geqslant 0.98)$ 显著延长，这说明 F^- 的运移也存在明显迟滞现象，保德煤矿煤矸石对 F^- 有较强的吸附作用。

　　虽然随着流速减小，淋出液 F^- 达峰时间增加，但达峰时间未呈现与流速的线性负相关关系，这与溶质的弥散迁移作用有关，这也可由 5.4.1 节的实验和数值模拟结果得到证实。

5.4.3　F⁻迁移数值模拟

将不同达西流速下的淋出液 F⁻ 穿透实验数据分别采用 CDE 模型和双点位吸附溶质运移模型进行数值模拟计算,结果见图 5-10 和表 5-7。虽然两模型计算的 R 值较为接近,但是双点位吸附溶质运移模型拟合的穿透曲线与实测值吻合度更高,这也可由拟合的相关系数 r^2 得到证实。因此 F⁻ 在模拟的煤矿采空区煤矸石中的运移过程更符合双点位吸附溶质运移模型。

表 5-7　F⁻运移的数值模拟结果一览表

C_0 /(mg/L)	温度 /℃	q/ (cm²/h)	CDE 模型		双点位吸附溶质运移模型					
			R	r^2	R	β	ω	f	α/h^{-1}	r^2
9.95	25	6.24	3.23	0.98	4.07	0.42	0.041	0.23	4.2×10^{-3}	0.99
9.96	25	3.12	5.75	0.95	5.65	0.64	0.004	0.56	7.9×10^{-4}	0.98
9.96	25	1.56	10	0.98	9.6	0.79	0.02	0.77	1.4×10^{-4}	0.99

由表 5-7 数据还可知,煤矸石对 F⁻ 的吸附阻滞系数(R 值)随着流速的减小而增加,因此煤矸石对 F⁻ 的吸附量应当随着流速减小而增加,这与5.3.2 节结果一致。F⁻ 在矸石上的平衡吸附点位占总吸附点位的比值(f 值)随着达西流速的减小而增大,α 值却相反,这说明低流速下的平衡吸附点位更多,煤矸石对溶质的平衡吸附作用增强。

5.5　氟化物在两矿采空区充填煤矸石中的迁移规律对比分析

F⁻ 在补连塔煤矿及保德煤矿采空区充填煤矸石中的运移数值模拟对比分析详见表 5-8。由表中数据及图 5-4、图 5-6 和图 5-10 可知,氟化物在保德煤矿和补连塔煤矿采空区充填煤矸石中运移规律相似,即在三个流速下淋出液中 F^- 质量浓度变化均经历了背景值波动、快速上升以及缓慢上升至穿透三个阶段。但相对于保德煤矿煤矸石,同流速条件下氟化物在补连塔煤矿煤矸石充填柱中质量浓度达到穿透所需时间更长。由表 5-8 数据可知,同一流速下的补连塔煤矿煤矸石 R 值(5.14、8.84、17.44)均大于保德煤矿煤矸石 R 值(4.07、5.65、9.6),这进一步说明了补连塔煤矿煤矸石对氟化物的吸附性更强。

表 5-8　保德煤矿与补连塔煤矿数值模拟结果对比

煤矸石种类	q /(cm²/h)	CDE 模型		双点位吸附溶质运移模型					K_d /(L/kg)	S /(mg/kg)
		R	r^2	R	β	ω	f	r^2		
保德煤矿	6.24	3.23	0.98	4.07	0.42	0.041	0.23	0.99	0.55	5.5
	3.12	5.75	0.95	5.65	0.64	0.004	0.56	0.98	0.83	8.3
	1.56	10	0.98	9.6	0.79	0.02	0.77	0.99	1.54	15.4
补连塔煤矿	6.24	5.14	0.984	5.52	0.99	1×10^{-6}	0.98	0.984	0.83	8.3
	3.12	8.84	0.995	10.82	0.99	1×10^{-6}	0.99	0.995	1.48	14.8
	1.56	17.44	0.998	15.86	0.98	7×10^{-5}	0.98	0.997	3.21	32.1

随着流速的减小,拟合得到的保德煤矿煤矸石柱中的 β 值逐渐增大,为 $0.42\sim0.79$,这表明氟化物在保德煤矿采空区充填煤矸石中的运移非平衡吸附作用较为显著,溶质运移在可动区的比例随流速减小而逐渐增加。补连塔煤矿煤矸石柱中拟合的 β 值始终在 0.98 以上,这说明了氟化物在补连塔煤矿采空区充填煤矸石中的运移行为主要发生在可动区,不可动区可以忽略。f 值的变化说明氟化物在模拟的保德煤矿和补连塔煤矿地下采空区充填煤矸石中的运移分别符合双点位吸附溶质运移模型和 CDE 模型。三个流速条件下,拟合的保德煤矿 ω 值显著高于补连塔煤矿煤矸石,也说明在模拟的保德煤矿采空区水-岩体系中,氟化物由可动区向不可动区进行的质

量传递作用强于补连塔煤矿。随着流速的减小,氟化物在保德煤矿煤矸石柱中的平衡吸附运移作用逐渐增强,非平衡吸附运移作用逐渐减弱,而氟化物在保德煤矿煤矸石柱中的平衡吸附运移作用一直占据主导地位。据第 3 章的两矿煤矸石理化特征分析内容,两种煤矸石黏土矿物种类和含量有很大不同,且两种煤矸石中含有的 Al、Fe、Ca 及其氧化物含量也有明显不同,这应当是氟化物迁移规律不同的主要原因。

由式(5-6)、式(5-7)分别计算出保德煤矿和补连塔煤矿煤矸石对氟化物吸附的线性分配系数 K_d 以及平衡吸附量 S,结果见表 5-8。由表中数据可以看出,达西流速分别为 6.24 cm/h、3.12 cm/h 和 1.56 cm/h 时,保德煤矿煤矸石对 F^- 吸附的 K_d 值分别为 0.55 L/kg、0.83 L/kg 和 1.54 L/kg,S 分别为 5.5 mg/kg、8.3 mg/kg 和 15.4 mg/kg;补连塔煤矿煤矸石对 F^- 吸附的 K_d 分别为 0.83 L/kg、1.48 L/kg 和 3.21 L/kg,S 分别为 8.3 mg/kg、14.8 mg/kg 和 32.1 mg/kg。由此可以看出,两种煤矸石对 F^- 吸附的 K_d 和 S 值均随着流速的减小而增大,这是因为低流速下溶质与煤矸石的接触时间更长,吸附反应时间随之增加,吸附量增大。补连塔煤矿煤矸石对 F^- 吸附的 K_d 和 S 值均高于同流速条件下的保德煤矿煤矸石。据第 3 章内容知,保德煤矿煤矸石仅含有高岭石一种黏土矿物,而补连塔煤矿煤矸石中含有伊利石、高岭石和绿泥石三种黏土矿物,且含量均较高,其中伊利石对污染物的吸附性较强,从而导致了以上结果。

5.6　小结

(1) 在 25 ℃、达西流速为 6.24 cm/h、3.12 cm/h、1.56 cm/h 时,Cl$^-$ 在补连塔煤矿采空区充填煤矸石中的穿透曲线均经历了背景值附近波动、快速上升至保持稳定的三个阶段,穿透时间随流速的减小而增加。CDE 模型 ($r^2 \geq 0.997$)可以较好地描述 Cl^- 在模拟矸石柱中的运移过程,溶质弥散系数 D_L 随着达西流速的增加而增大,溶质运移以对流为主。

(2) 同条件下 F^- 在补连塔煤矿采空区充填煤矸石中的运移过程相较于 Cl^- 存在明显的迟滞现象,穿透时间显著延长。CDE 模型可以更好地表征 F^- 的运移过程,分配系数 $\beta \geq 0.98$ 表明 F^- 的运移主要集中在可动区。F^- 在煤矸石上的平衡吸附点位占总吸附点位的比值($f \geq 0.98$)以及较小的质量传递系数 ω 说明溶质运移过程中平衡作用占主导地位。

(3) 不同流速下补连塔煤矿煤矸石柱淋出液 pH 值和 EC 变化规律与 F^- 的穿透曲线变化相似。随着淋滤液的持续通入,煤矸石中 OH^- 被 F^- 置换出来,淋出液 pH 值逐渐升高直至达到吸附平衡而趋于稳定。随着较长实验周期的水-岩作用,煤矸石中的离子成分逐渐溶解,随着淋滤液的持续通入,淋出液 EC 值逐渐升高并趋于稳定。

(4) 相同流速条件下,Cl^- 和 F^- 在保德煤矿采空区充填煤矸石中的穿透曲线与补连塔煤矿的实验结果相似。数值模拟结果显示保德煤矿采空区充填煤矸石 Cl^- 弥散系数 D_L 略小于补连塔煤矿采空区充填煤矸石的拟合数值,这应当与填充介质性质的差异性相关。双点位吸附溶质运移模型可以更好地描述 F^- 的运移过程,F^- 在矸石上的分配系数 β 和平衡吸附点位占总吸附点位的比值(f 值)均随着流速的减小而增大。

(5) 不同流速下保德煤矿与补连塔煤矿煤矸石对 F^- 吸附的线性分配系数 K_d 以及平衡吸附量 S 均随着流速的减小而增大,这是因为低流速下煤矸石溶质与矸石的接触时间更长,反应时间随之增加,吸附量增大。补连塔煤矿煤矸石对 F^- 吸附的 K_d 以及 S 值均高于同流速条件下保德煤矿煤矸石数值,这与矸石中的黏土矿物种类及其含量,Al、Fe、Ca 及其氧化物含量均有关。

6　氨氮在煤矿采空区充填煤矸石中的迁移转化规律

根据第 3 章内容,补连塔煤矿和保德煤矿矿井水中都含有氨氮甚至有超标现象,如补连塔煤矿 22308 综采面生产废水中氨氮浓度最高值为 16.97 mg/L,保德煤矿采空区进水氨氮浓度高达 20.97 mg/L,最大超标倍数 40.94。那么两矿地下采空区进水中高含量的氨氮迁移转化规律有何异同点? 本章通过批实验、柱模拟实验以及数值模拟,将室内外研究结果进行相互印证,探讨氨氮在煤矿采空区充填不同地质年代煤矸石中的迁移转化规律。研究结果可为评价我国煤矿采空区矿井水预处理技术提供重要理论依据。

6.1　实验方法与内容

6.1.1　振荡吸附实验

(1) 吸附动力学实验

配制 50 mg/L 的氨氮溶液,与过 2 mm 筛的保德煤矿煤矸石样品按照水岩比 10∶1(氨氮溶液 150 mL 和煤矸石 15 g)放置在 250 mL 具塞锥形瓶中。将其置于 25 ℃的恒温振荡箱中,设定转速 120 r/min,分别振荡 1 min、

5 min、15 min、30 min、1 h、3 h、6 h、12 h、24 h 和 48 h 后对混合液进行抽滤，抽滤后的上清液进行相关理化指标的测试。

（2）等温吸附实验

由吸附动力学实验确定该实验条件下保德煤矿煤矸石对氨氮的最佳吸附时间为 24 h。首先配制不同初始浓度的氨氮溶液：氨氮浓度分别为 5 mg/L、10 mg/L、20 mg/L、50 mg/L、100 mg/L、200 mg/L、300 mg/L、450 mg/L 和 550 mg/L。然后取不同浓度梯度的氨氮溶液 150 mL 和 15 g 煤矸石混合于具塞锥形瓶中，在 120 r/min、25 ℃条件下振荡 24 h，振荡结束后及时进行抽滤，并完成相关理化指标的测试。

每组实验均设置平行和空白对照。

6.1.2　柱模拟实验

6.1.2.1　煤矸石柱填充

柱模拟实验装置和煤矸石填充方法见 5.1.1 部分内容。填充的保德煤矿及补连塔煤矿煤矸石柱有关参数详见表 6-1。

表 6-1　实验用煤矸石柱参数一览表

	保德煤矿	补连塔煤矿
容重	1.69 g/cm³	1.53 g/cm³
孔隙度	0.42	0.32
粒径	<5 mm	<5 mm
石英砂填充高度	上下各 5 mm	上下各 5 mm
煤矸石填充高度	50 cm	50 cm

6.1.2.2　实验方法

本实验设置实验组与空白对照组，实验模拟装置连接完成后，采用蠕动泵将供液瓶中的去离子水自下而上流经煤矸石柱去除煤矸石中杂质及空气,当煤矸石柱饱水、取样口出水后,调整蠕动泵转速达到设置流量,待淋出液电导率值基本稳定后便可开展淋滤实验。

实验开始前,参考煤矿采空区矿井水预处理过程的水力停留时间(338~389 h),确定本实验达西流速为 3.12 cm/h(2 mL/min),实验温度 25 ℃。待煤矸石柱出水电导率≤100 μS/cm 并形成稳定流场后,先开展氯离子的穿透实验。

补连塔煤矿煤矸石柱模拟实验开始时,淋滤用液为优级纯氯化铵配置的氨氮溶液,其中氨氮质量浓度 17.95~18.84 mg/L(平均值 18.37 mg/L),Cl^- 质量浓度 52.61 mg/L。

保德煤矿煤矸石柱模拟实验开始时,首先连续注入 Cl^- 质量浓度为 199 mg/L 的 NaCl 溶液(注入时间 25 h),以得到模拟柱的水文地质参数并对比研究氨氮的运移规律。Cl^- 穿透实验结束后,通入去离子水驱替出 Cl^-,使其降为背景值后,参考研究区矿井水中氨氮的含量,连续注入氨氮质量浓度为 20.02 mg/L 的氯化铵溶液(注入时间 649 h),开展氨氮的迁移转化实验研究,直至淋出液氨氮达到穿透(淋出液氨氮质量浓度与注入浓度之比 $C_t/C_0 \geq 0.98$)。实验开始后,按照设置好的取样时间在煤矸石柱顶部取样,水样经 0.45 μm 滤膜过滤后保存在棕色玻璃瓶中,及时分析 Cl^-、"三氮"、DOC、TN、pH、EC 等理化指标。计算渗透系数 K、弥散系数 D 及阻滞系数 R 等参数。

6.1.2.3　测试方法

各类氮素及氯离子测试方法详见 3.2.2 节内容。

6.1.2.4　水力参数的计算方法

(1)渗透系数

渗透系数是表征含水介质透水性能的定量参数。本研究的含水介质为地下水库填充的煤矸石,通过达西定律可计算渗透系数,即:

$$K = \frac{Q}{AI} \tag{6-1}$$

式中 K——渗透系数,cm/s;

   Q——渗透流量(出口处流量,即通过煤矸石柱各断面的体积流量),cm^3/s;

   A——过水断面面积,cm^2;

   I——水力梯度($I = \Delta H/L$,ΔH 为上下游过水断面的水头差,L 为上下游过水断面的距离)。

(2) 溶质迁移速度

煤矸石柱中的水流速度为 v(cm/h),可近似表示为非反应性示踪剂(Cl^-)在柱中的实际迁移速度,即孔隙流速:

$$v = \frac{L}{t_{0.5}} \tag{6-2}$$

式中 L——煤矸石柱长度,cm;

   $t_{0.5}$——示踪剂质量浓度 C 达到 $0.5C_0$ 的时间,h。

具有吸附性溶质孔隙流速(cm/h)表示为:

$$v' = \frac{L}{t'_{0.5}} \tag{6-3}$$

式中 $t'_{0.5}$——吸附性溶质质量浓度 C' 达到 $0.5C'_0$ 的时间,h。

(3) 水动力弥散系数

水动力弥散系数表示可溶性物质通过渗透介质时弥散现象强弱的指标,可分为纵向弥散系数 D_L 和横向弥散系数 D_T,其中,D_L 反映的是溶质平行于水流主要流动方向的弥散情况(分为机械弥散与分子扩散),D_T 反映的

是溶质垂直于主要流动方向弥散情况。在本实验研究中,水动力弥散系数指的是纵向弥散系数[163],即:

$$D_{\mathrm{L}} = \frac{1}{8}\left(\frac{L - v_{\mathrm{g}}t_{0.16}}{\sqrt{t_{0.16}}} - \frac{L - v_{\mathrm{g}}t_{0.84}}{\sqrt{t_{0.84}}}\right)^2 \tag{6-4}$$

此外,吸附性溶质的水动力弥散系数可通过阻滞系数 R 求得[144],即:

$$D'_{\mathrm{L}} = \frac{D_{\mathrm{L}}}{R} \tag{6-5}$$

式中　D_{L}——示踪剂的纵向弥散系数;

　　　D'_{L}——溶质的弥散系数;

　　　L——矸石柱长度,cm;

　　　v_{g}——孔隙流速,cm/h;

　　　$t_{0.16}$——$C = 0.16C_0$ 的时间值,h;

　　　$t_{0.84}$——$C = 0.84C_0$ 的时间值,h;

$t_{0.5}$、$t'_{0.5}$、$t_{0.16}$、$t_{0.84}$ 的值可由穿透曲线通过 OriginPro 8.5 软件插值求得。

(4)溶质运移模型与参数计算

详见 5.1.3 和 5.1.4 节内容。

6.2　氨氮在补连塔煤矿采空区充填煤矸石中的迁移转化

6.2.1　氨氮的迁移规律

(1)氯离子的水动力弥散规律

以取样时间(h)为横坐标,淋出液 C_{Cl^-}(mg/L)为纵坐标,绘制 Cl^- 在煤矸石柱中的穿透曲线,如图 6-1 所示。由图 6-1 可知,氨氮溶液作为淋滤用液,在其流量稳定、质量浓度不变的情况下,顶部淋出液 C_{Cl^-} 变化趋势呈"S"形,经历了缓慢上升、迅速增加、质量浓度稳定 3 个阶段。

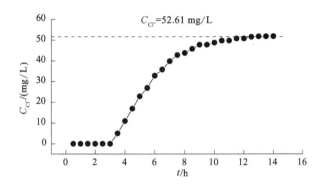

图 6-1　Cl⁻ 在矸石柱中的穿透曲线

实验初期(0~3.0 h)淋出液 C_{Cl^-} 为零,随着氨氮溶液被持续注入,在 3.0 h 后,淋出液中 C_{Cl^-} 快速上升,这与柱内的水逐渐被淋滤用液驱替有关。除了有溶质的对流迁移作用,溶质的水动力弥散作用促使在 3.0~11.5 h 时,淋出液 Cl⁻ 质量浓度快速上升。当淋出液中 C_{Cl^-} 超过其淋滤用液 C_{Cl^-} (C_0) 的 0.98 倍时,表明 Cl⁻ 达到了穿透[72]。本研究中 C_0 为 52.61 mg/L,由图 6-1可知,在 12.5 h 时,Cl⁻ 实现了穿透(51.58 mg/L,为 0.98C_0),随着淋入液的不断通入,C_{Cl^-} 也逐渐趋于稳定,并在 51.58~51.81 mg/L 间波动。通过对 Cl⁻ 水力参数的计算可知(见表 6-2),Cl⁻ 在煤矸石柱中的迁移速度 v 为 11.05 cm/h,水动力弥散系数 D_L 为 48.52 cm²/h,该值远高于已有实验中 Cl⁻ 的 D_L 值[72,164-165],这与本研究中较高的流速以及岩样的粒径大小有关[166]。与第 5 章相同流速条件下 F⁻ 和 Cl⁻ 在迁移过程中的水力参数相比,本实验 Cl⁻ 的水动力弥散系数 D_L 与 5.2.1 节同流速条件下的数值接近。

表 6-2 Cl⁻ 和 NH₄⁺ 在迁移过程中的水力参数

指标	$t_{0.5}$/h	v/(cm/h)	R	D_L/(cm²/h)	穿透时间/h
Cl⁻	5.43	11.05	—	48.52	12.5
氨氮	77.52	0.77	14.35	3.38	170.0

（2）氨氮的水动力弥散规律

影响氨氮在地下水中迁移的因素很多，如：含水介质种类、温度、土壤水分、土壤含氧量、pH 值等[167]。因此，不论是对于土壤还是岩石裂隙等含水介质来说，氨氮在其中的迁移过程都十分复杂。总的来说，氨氮的迁移过程主要涉及对流、分子扩散和机械弥散、吸附、硝化作用等物理化学作用。

图 6-2 是淋出液氨氮浓度（$C_{NH_4^+-N}$）的穿透曲线图。由图 6-2 可以看出，实验初期（2.0～13.0 h），淋出液氨氮在背景值附近波动（0.52～0.73 mg/L），与图 6-1 相比，氨氮迁移有明显的延迟拖尾现象，这表明当淋入液中氨氮将柱中的去离子水驱替的过程中发生了煤矸石对氨氮的吸附作用。随着时间的推移，在 26.0～122.0 h 之间，淋出液中氨氮质量浓度（$C_{NH_4^+-N}$）迅速从 1.78 mg/L 增加至 13.96 mg/L，约为淋入液 $C_{NH_4^+-N}$ 的 76.33%，并在 170.0 h

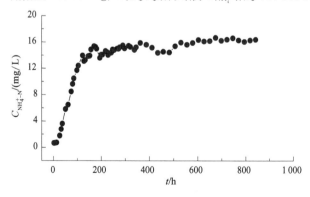

图 6-2 淋出液 NH₄⁺-N 质量浓度的变化曲线

达到吸附饱和(15.38 mg/L),淋出液 $C_{NH_4^+-N}$ 为淋入液的 84.09％,之后呈增加、降低的交替波动变化,并最终稳定在 15.60～16.66 mg/L 之间,该阶段可能伴随有氨氮的转化作用。

根据图 6-1、图 6-2 计算出 Cl^- 和 NH_4^+ 在迁移过程中的 v、D_L 及穿透时间等水力参数信息,汇总于表 6-2 中。由表 6-2 可知,煤矸石柱中的 Cl^- 在 12.5 h 就已实现了穿透,NH_4^+ 穿透时间却达 170.0 h,是 Cl^- 穿透时间的 13.6 倍。此外,通过对两者的迁移速度及 D_L 值的对比计算后可以得出:氨氮在煤矸石柱中的 v 及 D_L 值仅是 Cl^- 对应值的 7％,这表明 Cl^- 在模拟地下水中具有较强的对流及弥散迁移作用,而煤矸石对于氨氮的迁移过程具有较强的阻滞作用。此外,本实验中氨氮的 D_L 值小于 40 ℃时土柱中氨氮的 D_L 值 3.735 cm²/h[168],这与后者研究中较高实验温度及 v 有关。

(3) 氨氮的阻滞效应分析

阻滞系数(R)是含水介质中水流速度与溶质迁移速度的比值,表示含水介质对溶质阻滞能力的强弱,数值越大,说明溶质的迁移性能越差。R 的计算式为:

$$R = \frac{v}{v'} \tag{6-6}$$

其中,v 可式(6-2)求得,v' 由式(6-3)求得。

上文已对氨氮的水动力弥散过程作了较详细的分析,可知煤矸石对于氨氮在水体中的迁移具有较强的阻滞作用。根据表 6-2 可知,氨氮的 R 为 14.35,通过对煤矸石岩样的 XRD/XRF 及扫描电镜结果分析可知,该煤矸石中含有以伊利石、高岭石为主的黏土矿物(43.3％),且这两类黏土矿物中均有较高的阳离子交换容量(即 CEC 值),特别是含量较高的伊利石(19.3％)。此外,测得该煤矸石的 BET 表面积为 6.95 m²/g,综合以上因素可以得出:本研究煤矸石对 NH_4^+ 的 R 值较高,吸附量很大。另有文献报道,补连塔煤矿煤矸石对矿井水中氨氮及 DOC 具有较高的去除效果,去除率可达 73%~81%,对 COD 的去除率也在 60.0%~63.0%左右[12,50];王国贞、王现丽等以煤矸石为吸附剂研究了其不同粒径、投加量及吸附时间对氨氮的吸附作用效果,发现改性煤矸石对氨氮的去除率达63.0%左右[169,170],均说明煤矸石对氨氮具有较强的吸附阻滞作用。

将本实验中煤矸石对氨氮的阻滞系数与已有研究阻滞系数比较后发现:该值要远低于张庆等通过双点位吸附溶质运移模型得到的 40 ℃时岩土对氨氮的 R 值(72.5),但是大于刘靖宇研究得出的氨氮在砂土中的 R 值(7.62)[164,168],这说明氨氮在不同岩土介质中的 R 值与研究用土的组成、理化性质密切相关。含水介质粒径越小,溶质的迁移性越差,吸附性能越强,并且还受环境条件如温度、水流流速等的影响。

本节得到的氨氮的水动力弥散系数小于第 5 章同条件下的 F^- 的水动力弥散系数,其阻滞系数 R(14.35)大于同实验条件下的 F^- 的 R 值(8.84)(详见 5.2.2 节),这说明矸石对氨氮的吸附性强于 F^- 的,这是因为矸石对于氨氮的吸附主要受化学吸附作用控制,而 F^- 主要是被矸石中的 Fe、Al 氧化物胶体吸附[97],岩土介质对阳离子吸附作用强于阴离子[155],如李素珍等也发现砖红壤对阳离子的吸附量远高于阴离子[171]。计算得到的氨氮的孔隙流速为 0.77 cm/h,也小于 5.2.2 节 F^- 的 1.01 cm/h,这也可以进一步证实以上结论。

6.2.2 氨氮的转化规律

6.2.2.1 氨氮的变化

通过对淋出液中 $C_{NH_4^+-N}$ 的变化分析可知,在实验初期(2.0~13.0 h),淋

出液中 $C_{NH_4^+-N}$ 在 $0.50 \sim 0.73$ mg/L 之间波动,未见有明显上升,与 Cl^- 迁移结果相比,实验初期存在有显著的煤矸石对氨氮的吸附作用。随着实验时间的推移,在 $26.0 \sim 122.0$ h 之间,淋出液中 $C_{NH_4^+-N}$ 从 1.78 mg/L 增加至 13.96 mg/L,达到淋入液中 $C_{NH_4^+-N}$ 的 76.33%,表明在这段期间煤矸石对氨氮的吸附量逐渐增加并趋于饱和。

在 $122.0 \sim 170.0$ h,淋出液 $C_{NH_4^+-N}$ 缓慢增加并在 170.0 h 达到最大值 15.38 mg/L,此时淋出液中 $C_{NH_4^+-N}$ 已达注入示踪剂浓度(C_0)的 84.09%,说明矸石对氨氮的吸附能力接近饱和。之后,在 $170.0 \sim 530.0$ h $C_{NH_4^+-N}$ 呈增加、降低的交替变化($13.59 \sim 15.94$ mg/L),之后有缓慢增加的趋势,占到 C_0 的 $84.92 \sim 90.69\%$,结合所测硝态氮、亚硝态氮浓度及空白柱 $C_{NH_4^+-N}$ 的变化($0.06 \sim 0.21$ mg/L),可以证实氨氮浓度的减少与其在模拟地下水库中的硝化作用密切相关:

$$NH_4^+ + 1.5O_2 \xrightarrow{\text{亚硝化菌}} NO_2^- + 2H^+ + H_2O \qquad (6\text{-}7)$$

$$NO_2^- + 0.5O_2 \xrightarrow{\text{硝化菌}} NO_3^- \qquad (6\text{-}8)$$

总反应方程式:

$$NH_4^+ + 2O_2 \longrightarrow NO_3^- + 2H^+ + H_2O \qquad (6\text{-}9)$$

因此,在有氧条件下,氨氮可通过亚硝化菌及硝化菌的作用氧化成硝态氮。在厌氧或兼性厌氧的条件下,硝态氮可由异养还原菌(反硝化菌)经还原生成 NO、N_2O 或者是 N_2 等气态含氮物质。而亚硝态氮作为硝化作用的中间产物,性质不稳定且易受水温、氧化还原条件等的影响[172-174]。

6.2.2.2 硝酸盐氮的变化

图 6-3 是淋出液中硝酸盐氮质量浓度($C_{NO_3^--N}$)随时间的变化曲线图。由图可知,在 $2.0 \sim 146.0$ h,淋出液 $C_{NO_3^--N}$ 在 $0.14 \sim 0.15$ mg/L 间波动,并在

170.0 h 降到最低值 0.11 mg/L,未见有明显的硝化作用导致硝酸盐氮质量浓度的明显上升。之后,$C_{NO_3^--N}$ 开始快速增加,直到 362.5 h 达到最大值 0.22 mg/L,这期间 $C_{NO_3^-}$ 的快速升高应当与氨氮的硝化作用密切相关。当柱中的煤矸石对氨氮达到吸附饱和(170.0 h)后,水-岩环境趋于稳定,并可产生一定的硝化菌,促使氨氮发生硝化作用生成硝酸盐[164,175]。由于硝酸盐的浓度变化易受反硝化作用和氨氮的硝化作用影响,因此,当硝化作用产生硝酸盐的量大于其由于还原作用的消耗量时,会造成硝酸盐的积累,反之其含量减少。随着时间的推移,模拟的水-岩系统的还原环境进一步加强,有助于增强硝酸盐还原,从而导致淋出液 $C_{NO_3^--N}$ 快速下降并稳定在 0.17~0.18 mg/L 间。

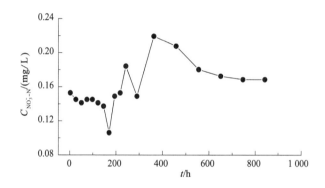

图 6-3 淋出液中硝酸盐氮质量浓度的变化

经计算,在 170.0~841.5 h,通入氨氮总量为 1 509.86 mg,淋出液中氨氮总量为 1 258.35 mg,则氨氮的减少量为251.51 mg;对应该阶段淋出液硝酸盐的总量为 13.97 mg(背景值按 0.14 mg/L 计),则硝态氮的增加量为2.47 mg。因此在该时间段内,氨氮的减少量远大于硝态氮的增加量,氨氮的硝化速率应当是略大于硝酸盐的还原速率,硝化反应生成的硝酸盐也能较快地发生还原反应,从而导致淋出液硝酸盐氮含量只是轻微增加。

6.2.2.3 亚硝酸盐氮的变化

硝态氮转化的主要反应方程式：

$$NO_3^- + 2H^+ + 2e^- \xrightarrow{\text{反硝化菌}} NO_2^- + H_2O \tag{6-10}$$

$$NO_2^- + 2H^+ + e^- \xrightarrow{\text{反硝化菌}} NO + H_2O \tag{6-11}$$

$$2NO + 2H^+ + 2e^- \xrightarrow{\text{反硝化菌}} N_2O + H_2O \tag{6-12}$$

$$2N_2O + 2H^+ + 2e^- \xrightarrow{\text{反硝化菌}} N_2 + H_2O \tag{6-13}$$

总反应方程式：

$$NO_3^- + 8H^+ + 7e^- \longrightarrow N_2 + 4H_2O \tag{6-14}$$

由图 6-4 可知,亚硝态氮在实验初期(2.0～146.0 h)均稳定在 0.03 mg/L 以下,与空白对照柱实验数据一致。

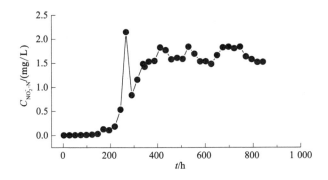

图 6-4 淋出液中亚硝酸盐氮的变化

146.0 h 之后,淋出液亚硝态氮浓度($C_{NO_2^- -N}$)迅速增加,但是已有研究中却出现了硝酸盐含量的微弱上升而没有出现亚硝酸盐的上升现象[176],分析原因是:这段时间由于煤矸石对氨氮吸附达到饱和后,使得柱中氨氮含量得到积累并为硝化作用产生硝酸盐氮提供了有利条件,同时模拟的水岩环境中溶解氧含量逐渐降低可促进硝酸盐的还原作用,因此出现了 $C_{NH_4^+ -N}$ 及

$C_{NO_3^- - N}$ 降低但 $C_{NO_2^- - N}$ 逐渐增加、达到最大值 2. 15 mg/L 的现象。随着时间的推移,模拟水-岩系统的还原环境趋于稳定,400 h 后,$C_{NO_2^- - N}$ 在 1. 55~1. 84 mg/L 之间波动,这表明氨氮的硝化作用及硝酸盐的还原作用基本处于动态平衡。经计算,模拟实验中硝化速率(即氨氮的消耗速率)与硝酸盐还原速率(即亚硝酸盐的生成速率)接近,分别为 0. 020 mg/(L・h)、0. 021 mg/(L・h),从而进一步证实了 6. 2. 2. 2 节结论。

同理,计算 170. 0~841. 5 h 期间淋出液亚硝酸盐氮的总量为 117. 53 mg(背景值按 0. 03 mg/L 计),则亚硝态氮的增加量为 115. 06 mg,硝酸盐及亚硝酸盐的增加量之和仅占到氨氮减少量的 49. 52%,明显小于氨氮的减少量。结合反应式(6-11)~(6-14),模拟实验中注入的氨氮通过硝化作用生成的硝酸盐应当有约一半转化成了 NO、N_2O 或者是 N_2 等气态含氮物质。

6. 2. 2. 4　pH 值的变化

有研究表明:pH 值的大小会对含水介质中氨氮的迁移转化产生一定影响,如果 pH 值越大,含水介质对于氨氮的饱和吸附量也越大[177]。此外,pH 值可以影响硝化和反硝化菌的生长环境进而对生物转化作用产生影响。如果 pH 值在 5. 6~8. 5 之间,pH 增加可提升硝化速率,当 pH 值增加到 1. 8,则硝化速率可增加 3~5 倍[178-180]。反硝化作用的适宜 pH 范围为 7. 0~8. 0,过酸或强碱性的环境都会抑制反硝化作用。

煤矸石柱淋出液的 pH 值随时间的变化情况如图 6-5 所示。由图 6-5 可知,pH 随时间呈现出先快速下降后缓慢波动上升的变化趋势。其中,在 2. 0~26. 0 h,pH 先快速降低,这是由于实验开始时淋入液的注入促进了煤矸石柱中 NH_4^+ 水解从而产生 H^+。但在 32. 0~362. 5 h,煤矸石对氨氮的吸附逐渐达到饱和,淋出液氨氮含量开始急剧增加,氨氮含量的增加加速了硝化速率,并造成了柱中 H^+ 含量的增加,但是由于煤矸石自身碱性物质的溶出对水中 pH 值的增长有一定的抑制作用,使得淋出液 pH 增长速度较缓慢。530.0 h 之后,淋出液 pH 值高于 7.68,这表明在实验后期反硝化作用增强消耗了 H^+。总体来看,淋出液 pH 值始终高于淋滤用液的 pH 值(6.90)。

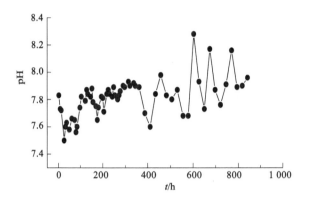

图 6-5　pH 的变化

6.2.2.5　电导率的变化

电导率(EC)大小反映了水体中离子总量的多少及强度,其值取决于离子组成和含量,以及水体的温度和黏度等[181],与水中离子的导电能力呈正相关关系[182]。本实验以淋出液 EC 值为纵坐标,实验时间 t 为横坐标,绘制 EC 的变化曲线,如图 6-6 所示。

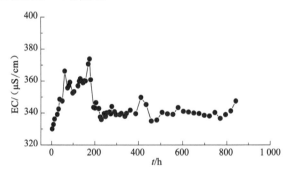

图 6-6　EC 的变化

由图 6-6 可知,淋出液 EC 值呈先迅速增加后波动降低至平稳的变化趋势。在实验初期, EC 从 163.1 $\mu S/cm$ 迅速上升至 310.6 $\mu S/cm$,这是注入的氯离子穿透造成的结果。随后淋出液的电导率从 330.0 $\mu S/cm$ 上升到 370.7 $\mu S/cm$,用时 170.0 h,远高于 Cl^- 的穿透时间(12.5 h),因此水中 NH_4^+ 迁移速度要远小于 Cl^-,与 6.2.1 节的结论一致。

此外,EC 的变化可以比较清楚地反映煤矸石柱中氨氮的转化及硝酸盐的还原过程。淋出液的 EC 在 176.0 h 达到最高值 373.9 $\mu S/cm$ 后,然后降低至 343.5 $\mu S/cm$,这是由于淋出液氨氮浓度在 170.0 h 达到吸附饱和穿透后,氨氮的硝化作用开始增强并有硝酸盐还原作用,从而导致水中离子含量降低,这与图 6-2、图 6-3 及图 6-4 中"三氮"的浓度变化一致,也进一步证实了 6.2.2.3 节会有较多硝酸盐转化成 N_2 的结论。随后 EC 值稳定在335.0～349.8 $\mu S/cm$ 间,约为淋入液 EC 值的 1.49～1.50 倍,这与在实验后期煤矸石柱中碱性物质的溶出、硝化及反硝化作用的产物等均有关系。

6.2.2.6 氮平衡计算

当煤矸石柱内氨氮达到吸附饱和时(170.0 h),淋入液、淋出液氨氮的质量分别为 377.69 mg、178.46 mg,其吸附氨氮的量占淋入液氨氮量的52.75%,进而求得单位质量煤矸石对氨氮的吸附量为 67.65 mg/kg,该值远小于细砂对氨氮的吸附量 511～518 mg/kg[164,183],这与本研究的流速及矸石粒径均较大有关。此外,含水介质对氨氮吸附量的大小还与介质种类、实验温度、pH 等因素有关[176,184-185]。

表 6-3 为淋滤实验过程中氮素总质量衡算表,通过对整个实验中淋入液及淋出液"三氮"质量的平衡计算得出:氨氮的减少量为 537.38 mg,其中氨氮减少量的 37.07% 来自煤矸石对氨氮的吸附,而硝酸盐及亚硝酸盐的增加量总和为 135.63 mg 占到氨氮减少量的 25.24%,剩下的 38.69% 为氨氮发

生硝化及反硝化作用生成了气态含氮物质。

表 6-3 氮平衡计算一览表

氮素种类	淋入总质量 M_1 /mg	淋出总质量 M_2 /mg	ΔM $(\Delta M = M_2 - M_1)$	减少率 $(\Delta M/M_1)$/%
氨氮	1 887.52	1 350.14	−537.38	28.47
硝酸盐氮	—	16.44	16.44	—
亚硝酸盐氮	—	119.19	119.19	—

6.2.3 小结

(1) 25 ℃、达西流量为(2.0±0.06) mL/min 的条件下,淋出液 Cl^- 质量浓度在含水介质中经历了缓慢增加、快速上升及平稳波动三个阶段。Cl^- 的穿透时间为 12.5 h,随后在 51.58～51.81 mg/L 范围内波动,其 v 和 D_L 值分别为 11.05 cm/h,48.52 cm²/h。计算得到的氨氮的 v 和 D_L 值仅为 Cl^- 的 0.07 倍,R_d 值达 14.35,表明 Cl^- 在模拟地下水库环境中具有较强的对流及弥散迁移作用,而煤矸石对氨氮有显著的阻滞效果及吸附作用,这与其含有较高比例的伊利石等黏土矿物及较大比表面积有关。氨氮质量浓度在170.0 h 达到 15.38 mg/L(84.09%C_0)并达到吸附饱和,最终在 15.60～16.66 mg/L 间波动。

(2) 0～170.0 h,淋出液中 $C_{NH_4^+-N}$ 迅速增加至 15.38 mg/L,达到淋入液氨氮浓度的 84.09%,而 $C_{NO_3^--N}$ 及 $C_{NO_2^--N}$ 接近背景值并分别在 0.15 mg/L、0.03 mg/L 以下,这主要与实验前期煤矸石吸附造成淋出液氨氮含量较低有关。随后至 530.0 h,淋出液 $C_{NH_4^+-N}$ 在 13.59～15.94 mg/L 间呈增加、降低的交替变化,氨氮的积累加快了硝化反应速率、促进了硝酸盐含量增加(最大值 0.22 mg/L),进而促进了反硝化作用使得 $C_{NO_2^--N}$ 明显升高到 2.15

mg/L。此后,由于煤矸石柱中还原环境的增强及反硝化菌数量的增多,硝酸盐含量开始逐渐降低、亚硝酸盐含量较高(1.55～1.84 mg/L 间波动),氨氮在15.60～16.66 mg/L(C_0的 84.92～90.69%)间缓慢增加并趋于稳定。

(3) 在170.0 h 之前,煤矸石对氨氮的吸附量为 67.65 mg/kg,为氨氮淋入量的52.75%。整个实验中,淋出液氨氮质量较淋入液减少了 537.38 mg,其中37.07%被煤矸石吸附,生成的硝酸盐及亚硝酸盐质量总和为135.63 mg,为氨氮减少量的25.24%。因此实验前期(170.0 h 之前)氨氮在研究的煤矿采空区充填煤矸石中迁移过程中存在显著的吸附作用,之后吸附逐渐达到饱和,发生了较明显的硝化及反硝化作用,生成的硝酸盐、亚硝酸盐及其他气态氮的化合物是导致淋出液氨氮质量减少的主要原因。

(4) 淋出液 pH 值缓慢上升且始终高于淋入液的 pH 值,这与煤矸石表面碱性物质溶出及煤矸石柱中硝酸盐的还原作用有关。EC 值在 176.0 h 达到最高值 373.9 μS/cm 后开始降低并稳定在 335.0～349.8 μS/cm 间,约是淋入液 EC 的 1.45～1.51 倍,这与在实验后期矸石柱中已形成比较稳定的水-岩微生物环境有关。

6.3　氨氮在保德煤矿采空区充填煤矸石中的迁移转化

6.3.1　煤矸石对氨氮的吸附动力学和等温吸附特性

通过煤矸石比表面积测试以及煤矸石对氨氮的吸附动力学、等温吸附等批实验,开展煤矸石吸附氨氮的机理研究。批实验中上清液 pH 值在6.05～8.13 之间,空白对照组中氨氮的溶出量<0.01 mg/g,而硝态氮和亚硝态氮未检出,且实验组硝态氮和亚硝态氮含量低于标线检出下限,因此开

展的批实验过程中可以忽略氨氮的硝化作用。

6.3.1.1 煤矸石比表面积和孔容测试

比表面积、孔体积以及孔径作为表征介孔材料吸附性能的有效指标,已被绝大多数学者所认可。实验采用低温液氮吸附法对保德煤矿煤矸石的比表面积、孔容 2～256 nm 之间的孔径分布规律进行了测试分析。测试结果显示,保德煤矿煤矸石的比表面积为 9.25 m²/g,孔体积为 0.03 cm³/g,吸附平均孔径为 13.57 nm,孔隙率为 1.22 %。有研究者使用偏高岭土制备了比表面积为 36.75 m²/g 的吸附剂,对氨氮的吸附量达到了 2.29 mg/g[186],并且介孔材料比表面积越大,孔隙空间就越大,吸附能力也越好[187-189]。

图 6-7(a)、(b)分别表示煤矸石在不同孔径下比表面积和孔体积的变化规律。由图可知煤矸石孔径在 20～50 nm 的小孔径孔隙分布丰富[190],使得煤矸石在此段孔径内有很高的比表面积和孔体积。另外,煤矸石中<10 nm 的微孔结构也显示出较高的比表面积以及孔体积,而在 10～20 nm 之间的孔隙分布较少且不均衡,比表面积和孔体积较小,孔径大于 100 nm 的中孔在煤矸石中分布较少。

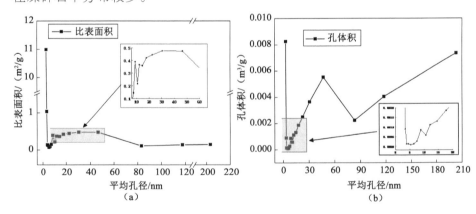

图 6-7　煤矸石中不同孔径的比表面积和孔容分布

综上所述,保德煤矿煤矸石发育着丰富的小孔和微孔孔隙,具有较大的比表面积和孔隙率,这为煤矸石做吸附材料进行资源化利用提供了有利条件。

6.3.1.2　煤矸石对氨氮的吸附动力学

选取氨氮初始浓度 50 mg/L,在水岩比 10∶1、25 ℃、转速 120 r/min 条件下进行煤矸石对氨氮的吸附动力学实验,图 6-8 为煤矸石对氨氮的吸附量随时间变化图。从图中可以看出,随着振荡时间的增加,氨氮的吸附量在3 h之前迅速增加,之后缓慢增加并趋于稳定,在 24 h 时吸附量最大为 0.126 mg/g。

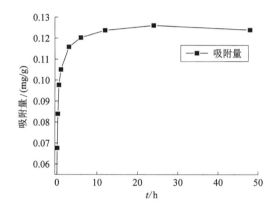

图 6-8　煤矸石对氨氮的吸附量

（1）准一级动力学模型

图 6-9 为 $\ln(q_m - q_t)$ 随时间 t 的线性拟合曲线图,拟合得到的准一级动力学反应速率方程式为:

$$\ln(q_m - q_t) = \ln q_m - \frac{k_1}{2.303}t, \quad r^2 = 0.75 \tag{6-15}$$

式中　q_m——吸附剂对吸附质的理论饱和吸附量(取 0.111 mg/g),mg/g;

q_t——时间 t 内的吸附量(取 0.126 mg/g),mg/g;

k_1——一级吸附反应速率常数,0.004 h^{-1}。

一级动力学模型目前已经在各种吸附过程中得到了应用,但却有一定的局限性,线性拟合前必须先得到 q_m 值,而在实验中,实际吸附量和理论计算得出的平衡吸附量存在误差。首先用 Origin 软件进行准一级动力学模型拟合,得出理论平衡吸附量为 0.111 mg/g,然后进行线性拟合。线性拟合结果显示相关系数 r^2 为 0.750 较低,这说明准一级动力学模型不能很好地描述保德煤矿煤矸石对氨氮的吸附动力学过程。

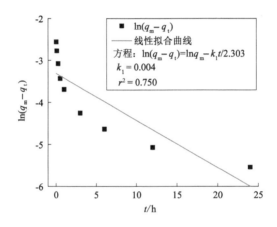

图 6-9　准一级动力学模型拟合

(2) 准二级动力学模型

图 6-10 为煤矸石吸附氨氮的准二级动力学模型线性拟合曲线,拟合得到的准二级动力学反应速率方程式为:

$$\frac{t}{q_t} = \frac{1}{k_2 q_m^2} + \frac{1}{q_m}t, \quad r^2 = 1 \tag{6-16}$$

式中　q_m——吸附剂对吸附质的理论饱和吸附量(取 0.126 mg/g),mg/g;

q_t——在时间 t 内的吸附量,mg/g;

k_2——二级吸附反应速率常数,0.012 g/(mg·h)。

据拟合结果,拟合的相关系数 r^2 达到了 1,这表明相对于准一级动力学模型,准二级动力学模型可以更准确地描述煤矸石对氨氮的吸附动力学过程。煤矸石对氨氮的理论平衡吸附量为 0.126 mg/g,与实验得到的平衡吸附量数值较为接近。据该模型可知研究用煤矸石与氨氮之间存在电子对共用或者转移,吸附过程有化学键的形成,因此煤矸石对氨氮的吸附主要受化学吸附机理控制[85,87],这主要与煤矸石中的黏土矿物高岭石有关。

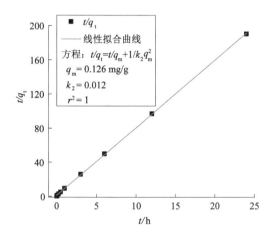

图 6-10　准二级动力学模型拟合曲线

（3）Weber-Morris 颗粒内扩散模型

图 6-11 为煤矸石对氨氮吸附的颗粒内扩散模型拟合结果,拟合模型结果为:

$$q_t = k_3 t^{\frac{1}{2}} + C, r^2 = 0.668 \tag{6-17}$$

式中　q_t——在时间 t 内的吸附量,mg/g;

　　　k_3——颗粒内扩散速率常数,0.013 mg/(g·h$^{1/2}$);

　　　C——常数,0.077。

由于实测值和拟合曲线偏差较大,r^2 较低仅为 0.668,因此颗粒内扩散模型不能较好地表征煤矸石对氨氮的吸附过程。据拟合结果可知,颗粒内扩散常数 k_3 为 0.013,数值较小,且常数 C 不等于 0,这说明煤矸石对氨氮的吸附过程由颗粒内扩散和其他吸附过程共同控制。

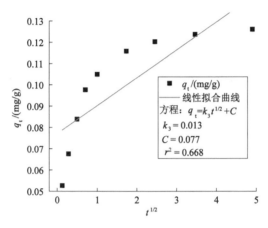

图 6-11　颗粒内扩散模型拟合曲线

(4) 班厄姆(bangham)扩散模型

班厄姆方程常用来描述吸附过程中孔道扩散机理,图 6-12 为该模型的拟合结果。

拟合模型结果为:

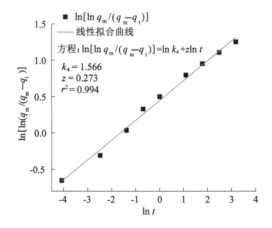

图 6-12　班厄姆扩散模型拟合曲线

$$\ln\left(\ln\frac{q_m}{q_m-q_t}\right)=\ln k_4+z\ln t,r^2=0.994 \qquad (6\text{-}18)$$

式中　q_t——在时间 t 内的吸附量，mg/g；

　　　k_4——扩散常数，1.556；

　　　z——常数，0.273。

由图 6-12 可知，实测值和该模型的线性拟合效果较好（$r^2=0.994$），这说明班厄姆模型可以较好地表征煤矸石对氨氮的吸附动力学过程，氨氮在矸石孔道内扩散吸附作用显著。

表 6-4 汇总了煤矸石吸附氨氮的动力学模型及主要参数模拟计算结果。

表 6-4　氨氮吸附动力学模型参数一览表

动力学模型	实验吸附量 $q/(\text{mg/g})$	$r^2(\alpha=0.05)$	参数
准一级动力学模型	0.126	0.750	$q_m=0.111\ \text{mg/g}$ $k_1=0.004$
准二级动力学模型	0.126	1	$q_m=0.126\ \text{mg/g}$ $k_2=0.012$
颗粒内扩散模型	0.126	0.668	$C=0.077$ $k_3=0.013$
班厄姆扩散模型	0.126	0.994	$z=0.273$ $k_4=1.566$

注：表中 q_m 为模型拟合计算得到的理论平衡氨氮吸附量；k_1、k_2、k_3、k_4、C 和 z 分别为相关动力学模型拟合参数结果。

相对于准一级动力学模型，准二级动力学模型可以更好地描述煤矸石对氨氮的吸附过程，煤矸石对氨氮的理论平衡吸附量为 0.126 mg/g。煤矸石对氨氮的吸附过程主要受化学吸附机制控制，煤矸石表面与氨氮之间存在化学键作用，而化学键的形成主要受矸石中黏土矿物高岭石的表面性质控制。从班厄姆孔道扩散模型拟合结果可以看出，氨氮在煤矸石吸附剂孔道内扩散现象明显，这也证实了煤矸石内存在的角砾孔、碎粒孔和摩擦孔等孔道结构可吸附一定的氨氮。因此保德煤矿煤矸石对氨氮的吸附主要通过表面化学吸附和孔道内扩散吸附两种作用方式进行。

6.3.1.3 煤矸石对氨氮的吸附等温方程

吸附等温模型可以揭示煤矸石对氨氮的吸附方式。由吸附动力学实验结果可知,煤矸石对氨氮的吸附在 12 h 后可达到最大吸附量的 97％以上,实验选择 24 h 为吸附平衡时间来开展等温吸附实验。配制不同浓度的氨氮溶液分别和煤矸石颗粒混合后开展振荡实验,图 6-13 所示为不同氨氮浓度条件下的氨氮吸附量变化图。

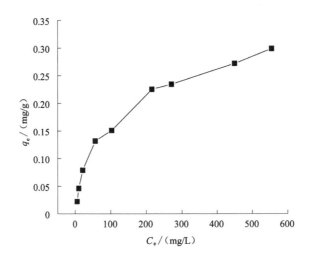

图 6-13 煤矸石对不同浓度氨氮的吸附量

从图 6-13 中可以看出随着氨氮初始浓度的增加,煤矸石对氨氮的平衡吸附量也在不断地增加,但在较高的初始浓度下,吸附量增加速率减小,这是由于随着水中氨氮初始浓度的增大,更多的 NH_4^+ 与煤矸石接触,溶液与煤矸石表面的氨氮浓度差增加,传质推动力增加,使得煤矸石对氨氮的吸附量有所增加[191]。当水中氨氮初始浓度升高($\geqslant 100$ mg/L),水中氨氮浓度与煤矸石上吸附点位的比值升高[192]，但是由于水中煤矸石量和吸附点位固定，所以导致煤矸石对氨氮的吸附增加速率相比低浓度氨氮初始浓度($\leqslant$50 mg/L)有所降低。当氨氮初始浓度增加至 550 mg/L 时，氨氮吸附量增加至 0.30 mg/g。

（1）Langmuir 吸附等温方程

图 6-14 为煤矸石对氨氮吸附的 Langmuir 吸附等温方程拟合结果，拟合得到的 Langmuir 等温吸附模型的表达式为：

$$\frac{C_{e}}{q_{e}} = \frac{1}{kq_{m}} + \frac{C_{e}}{q_{m}}, \quad r^2 = 0.99 \tag{6-19}$$

式中　q_{m}——吸附剂对吸附质的理论饱和吸附量(取 0.331 mg/g)，mg/g；

　　　q_{e}——吸附剂对吸附质的吸附量，mg/g；

　　　C_{e}——吸附质在溶液中的浓度，mg/L；

　　　k——吸附常数，一般认为是与吸附质和吸附剂的键合能有关的常数，0.011。

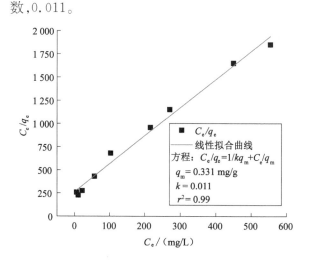

图 6-14　Langmuir 吸附等温方程拟合结果

其中 q_m 和 k 可通过对 C_e/q_e 与 C_e 的线性最小二乘拟合,结合拟合直线的斜率和截距计算得出。

根据拟合结果,理论平衡吸附量 q_m 为 0.331 mg/g,k 为 0.011。k 一般认为是与吸附质与吸附剂的键合能有关的常数,表征介质的吸附性能[82],当 $0<k<1$ 时,等温吸附更适合 Langmuir 模型[193]。较高的 r^2 值也说明煤矸石对氨氮的吸附可以较好地满足 Langmuir 等温吸附假设,即氨氮在接触到的煤矸石表面发生均匀的单分子层吸附,并在吸附达到最大时呈现出吸附与脱附共同存在的动态平衡现象[91]。与已有研究结果[194,195]相比,改性后的煤矸石吸附效果显著提升。

(2) Freundlich 等温式

图 6-15 为煤矸石对氨氮的 Freundlich 吸附等温方程拟合结果,拟合得到的 Freundlich 等温吸附模型的表达式为:

$$\ln q_e = \ln k + \frac{1}{n}\ln C_e, \quad r^2 = 0.96 \tag{6-20}$$

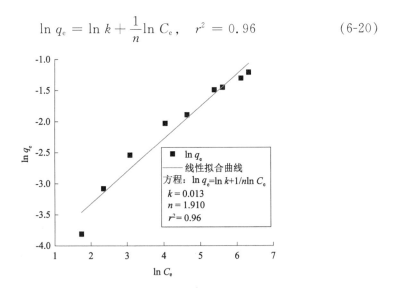

图 6-15　Freundlich 吸附等温方程拟合结果

式中　q_e——吸附剂对吸附质的吸附量,mg/g;

　　　C_e——吸附质在溶液中的浓度,mg/L;

　　　k——吸附常数,0.013;

　　　n——吸附系统适用度,1.910。

由 r^2 可知,该模型拟合结果较好。由 $n=1.910(>1)$ 可知煤矸石对氨氮的吸附过程可以被 Freundlich 模型较好地描述。氨氮分子在非均匀表面发生吸附,煤矸石吸附剂表面的吸附点位存在差异,并且吸附能力随覆盖度增加而呈指数降低。

表 6-5 汇总了两模型的拟合参数结果。如表 6-5 所示,Langmuir 和 Freundlich 吸附等温模型都能较好地表征煤矸石吸附氨氮的特征,氨氮在煤矸石表面易发生单分子层吸附,且同时存在物理和化学作用,当吸附和脱附速率一样时达到吸附动态平衡。Freundlich 吸附等温模型拟合结果说明煤矸石表面存在吸附点位不均匀的情况,这与煤矸石的岩性以及煤矸石中存在的无效孔隙等有关。

表 6-5　氨氮吸附等温方程拟合参数

吸附等温方程	$r^2(\alpha=0.05)$	主要参数
Langmuir 等温方程	0.99	$q_m=0.331$ mg/g $k=0.011$
Freundlich 等温方程	0.96	$n=1.910$ $k=0.013$

6.3.2　氨氮在保德煤矿采空区充填煤矸石中的迁移转化规律

6.3.2.1　溶质迁移参数的确定

25 ℃、达西流速 $q=3.12$ cm/h 时,实测的 Cl^- 穿透曲线如图 6-16 所示。

根据 25 ℃实测的 Cl^- 穿透曲线,采用 CXTFIT2.1 软件,通过非线性最小二乘优化方法求解一维溶质运移的 CDE 模型反问题(固定 $R=1$),得到 Cl^- 的 D_L 和 v 值,并计算得到溶质的分子扩散系数 D_f、机械弥散系数 D_h、P_e 及弥散度 λ(表 6-6)。

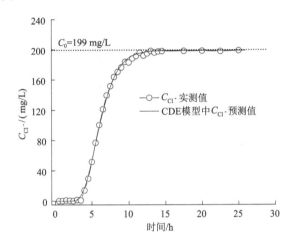

图 6-16   保德煤矿 Cl^- 穿透曲线

表 6-6   煤矸石柱的水力学参数

$T/℃$	θ	$q/$ (cm/h)	CDE 模型				λ $/cm$	D_h $/(cm^2/h)$	P_e	D_f $/(cm^2/h)$
			D_L $/(cm^2/h)$	v $/(cm/h)$	r^2	MSE				
25	0.32	3.12	27.43	9.47	0.999	0.078	2.9	27.366	20.72	0.064

注:$L=60$ cm,充填煤矸石粒径 d 为 1.39 mm。

由表 6-6 数据可知,在达西流速为 3.12 cm/h、25 ℃条件下,Cl^- 在充填煤矸石中的运移过程能用 CDE 模型较好地表征($r^2=0.999$),其在模拟的水-岩系统中的吸附作用可以忽略。参数 D_L、D_f、D_h 和 λ 值明显高于相近实验条件下 Cl^- 及 NO_3^- 在砂土中运移的数值(1.44～11.01 cm/h),这主要与充填煤矸石平均粒径较大、运移距离较长有关[176,196-198],因此,导致 P_e 值与已有报道文献数值相比较小,Cl^-在充填煤矸石中的弥散迁移作用更为显著,且以机械弥散作用为主($D_h/D_L = 0.998$)。$P_e > 1$ 表明溶质在填充介质中的运移仍以对流为主。与 5.4.1 节和 6.2.1 节的相同流速条件下 Cl^-在迁移过程中的水力参数相比,本实验 Cl^-的弥散系数 D_L 较小,这与模拟柱较大的孔隙度、填充介质的非均质性和性质差异均有关。

6.3.2.2 氨氮的迁移规律

25 ℃、达西流速为 3.12 cm/h 时氨氮的穿透实验结果如图 6-17 所示。由图 6-17 可知,$t \leqslant 31.5$ h,淋出液氨氮在背景值附近波动,31.5 h$\leqslant t \leqslant 265.0$ h时,氨氮质量浓度 $C_{NH_4^+-N}$ 逐渐上升至 18.42 mg/L($C_{NH_4^+-N}/C_0 = 0.92$),$265 \sim 457$ h 间氨氮质量浓度缓慢上升至 19.62 mg/L($C_{NH_4^+-N}/C_0 \geqslant 0.98$),之后$C_{NH_4^+-N}/C_0$ 在 $0.95 \sim 1.00$。与 6.3.2 节部分 Cl^-的穿透实验结果相比,淋出液氨氮浓度达到峰值比 Cl^-延迟 253.5 h,氨氮在填充煤矸石间的运移有明显的迟滞现象。分别采用 CDE 模型和双点位吸附溶质运移模型、CXTFIT2.1 软件对实测数据进行数值模拟计算,拟合结果见表 6-7,穿透曲线拟合结果如图 6-17 所示。

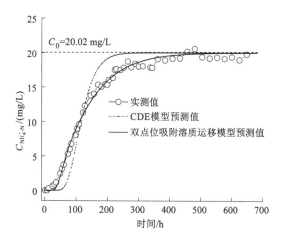

图 6-17 实测和拟合的流出液氨氮浓度变化

表 6-7　氨氮实验条件和模型参数

C_0 /(mg/L)	T /℃	q /(cm/h)	CDE 模型		双点位吸附溶质运移模型					
			R	r^2	R	β	ω	f	$\alpha/(\text{h}^{-1})$	r^2
20.02	25	3.12	20.76	0.91	23.79	0.48	0.027	0.46	3.5×10^{-4}	0.99

由表 6-7 数据可知,CDE 模型拟合的相关系数($r^2=0.91$)明显低于双点位吸附溶质运移模型的($r^2=0.99$),且图 6-17 显示的双点位吸附溶质运移模型拟合的穿透曲线能与实测穿透曲线较好地吻合,因此双点位吸附溶质运移模型能够更好地描述氨氮在充填煤矸石柱中的运移过程。氨氮在煤矸石上的平衡吸附点位仅占总吸附点位的 46%(f 值),一级动力学吸附速率常数 α 为 3.5×10^{-4} h^{-1},质量传递系数 ω 为 0.027,因此煤矸石对氨氮的吸附存在"瞬时"平衡和一级动力学吸附假设的非平衡吸附 2 种作用。计算得到的氨氮 R 值为 23.79,明显高于刘靖宇研究得到的氨氮在砂土柱中的 R 值(7.62)[164],还大于 6.2.1 节中 25 ℃补连塔煤矿煤矸石对氨氮的 R 值(14.35),这与水流流速、孔隙介质岩性、矿物组成及颗粒级配等密切相关,矸石的非均质性也会导致实验结果有所差异。

求得 K_d 为 4.32 L/kg,S 为 85 mg/kg,即氨氮在达到吸附平衡时单位煤矸石的最大吸附量为 85 mg/kg,为煤矸石对氟化物最大吸附量的 10 倍多(表 5-8)。该数值还高于由粉煤灰-钢渣地质聚合物合成的沸石对氨氮的吸附容量 79 mg/kg[190],由于实验所用煤矸石为二叠系下统山西组泥岩,黏土矿物高岭石质量分数高达 64.5%,Al_2O_3、SiO_2 质量分数分别为 41.06%、35.23%,这应当是所研究岩土介质具有较强的氨氮吸附性的主要原因。

计算得到氨氮的孔隙流速为 0.4 cm/h、纵向弥散系数为 1.15 cm^2/h,远低于表 6-6 中 Cl$^-$ 的相应数值[72,199],因此,吸附作用对氨氮的对流及弥散迁移均会产生重要影响,吸附性越强,则溶质的迁移性越小,这与 5.2 和 6.2

部分结论一致。

6.3.2.3　氨氮的转化

图 6-18 为淋出液亚硝酸盐氮质量浓度的动态变化。由图 6-18 可知,在 649 h 内,亚硝酸盐氮质量浓度在 0.002~0.008 mg/L 间波动,浓度增加趋势不明显,并且实验期间测得硝酸盐氮的质量浓度始终小于 0.05 mg/L,由于二者浓度均较低且无明显上升趋势,因此氨氮运移过程中的硝化作用可以忽略,这与 6.2.2 节结论有明显不同。由于保德煤矿煤矸石中仅有高岭石黏土矿物,而补连塔煤矿煤矸石中却富含伊利石、高岭石和绿泥石,并且含有一定的白云母,更容易滋生微生物,导致氨氮发生硝化作用,因此氨氮在采空区充填煤矸石中的生化作用还与煤矸石性质及成分密切相关。

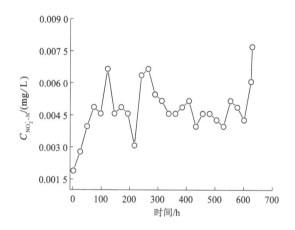

图 6-18　淋出液亚硝酸盐氮质量浓度的变化

6.3.2.4　氨氮迁移过程 pH 和 TDS 动态变化

图 6-19 为淋出液 pH 值随时间的动态变化。实验初期,pH 值较高且快速下降,73.5 h 后,pH 值在 7.91~8.65 间波动,没有明显的变化趋势。硝化作用产生的氢离子会造成溶液 pH 值下降,结合 6.3.2.3 部分亚硝酸盐

氮、硝酸盐氮的动态变化分析,硝化作用对氨氮的整个运移过程影响不大。

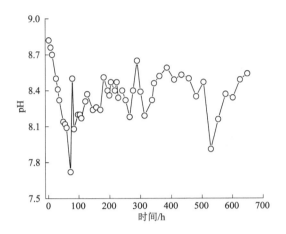

图 6-19　淋出液 pH 动态变化

实验过程淋出液 TDS 质量浓度的动态变化如图 6-20 所示。由图可知,在 0～25.5 h 内,水样 TDS 质量浓度由背景值快速增加至 135.2 mg/L,之后在 137.2～154.7 mg/L 间波动,高于注入氯化铵溶液的 TDS(114.2 mg/L),这应当与淋出液 TDS 的背景值相关。由于氨氮质量浓度在 31.5 h 后才快速上

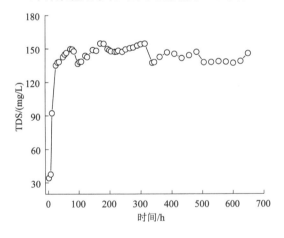

图 6-20　流出液溶解性总固体质量浓度动态变化

升并趋于稳定,因此,氨氮对淋出液 TDS 贡献不大。

pH 和 TDS 的变化进一步证实氨氮迁移过程以对流、弥散及吸附为主,生物转化作用可以忽略。

6.3.3 小结

(1) 氨氮的吸附动力学研究结果表明,煤矸石对氨氮的饱和吸附量为 0.126 mg/g。准二级动力学模型($r^2 = 1$)和班厄姆孔道扩散模型($r^2 = 0.994$)能较好地表征煤矸石对氨氮的吸附动力学过程。氨氮在煤矸石孔道内扩散吸附现象明显,煤矸石对氨氮的吸附过程中有化学键作用,主要受化学吸附机制控制,这可以证明煤矸石中存在很多小孔径孔道以及微孔结构。

(2) 煤矸石对氨氮的吸附能力随着氨氮质量浓度的增加而提高,Langmuir 吸附等温模型可较好地表征煤矸石对氨氮的吸附过程($r^2 = 0.99$),这说明煤矸石对氨氮的吸附为单分子层吸附,煤矸石外表面以及内孔道表面的吸附作用同时存在,并同时存在物理和化学作用。由于石英等成分的存在,煤矸石表面存在吸附点位不均匀的情况。

(3) 达西流速 3.12 cm/h、25 ℃条件下,采用 CXTFIT2.1 软件对实测的 Cl^- 穿透曲线进行拟合,结果显示 CDE 模型($r^2 = 0.999$)能较好地表征 Cl^- 在充填煤矸石柱中的运移过程。较高的 D_L、D_f、D_h 和 λ 值与充填煤矸石粒径较大、运移距离较长有关,P_e 数表明 Cl^- 在填充介质中的运移仍以对流为主,弥散迁移以机械弥散为主。

(4) 氨氮的运移有明显迟滞现象,双点位吸附溶质运移模型能够更好地表征氨氮运移过程。氨氮的吸附存在"瞬时"平衡和一级动力学吸附假设的非平衡吸附 2 种作用,其平衡吸附量为 85 mg/kg。氨氮的孔隙流速为 0.4 cm/h、D_L 值为 1.15 cm^2/h,远低于 Cl^- 的相应数值,表明吸附作用对氨氮的对流及弥散迁移有重要影响。

(5) 在 649 h 的氨氮运移模拟实验过程中,硝酸盐、亚硝酸盐氮质量浓度和 pH 均无明显变化趋势。0~25.5 h 内,氯离子快速穿透,水样 TDS 由背景值快速增加,之后在 137.2~154.7 mg/L 波动,高于注入的氯化铵溶液 TDS(114.2 mg/L),这主要与淋出液 TDS 的背景值有关。以上,进一步证实氨氮运移过程以吸附为主,生物转化作用可以忽略。

7 煤矿地下水库采空区有机质作用下的氮素迁移转化

第 6 章已对两矿矿井水中的特征污染物氨氮在采空区充填煤矸石中的迁移转化规律进行了探讨。据对补连塔煤矿 22308 综采面矿井水的 7 次取样监测结果:除了有前章提及的氨氮含量较高的水质问题外,还存在亚硝酸盐($13.23\sim32.52$ mg/L)及 TN 含量($35.46\sim47.34$ mg/L)甚高的现象,并且还含有一定的硝酸盐($0.42\sim9.08$ mg/L)。由于该类矿井水富含生产废水,因此有机物含量也较高(DOC $86.1\sim174$ mg/L),电导率在 $3558\sim5548$ μS/cm。那么对于氮素及有机污染物含量均较高的高矿化度矿井水,自井下水仓泵入煤矿地下水库后如何迁移转化? 地下水库出水水质又如何? 本章将在第 6 章研究的基础上,通过较大尺度的柱模拟实验以及数值模拟,结合现场检测,开展矿井水中各类氮素在地下水库充填煤矸石中的迁移转化规律研究,研究结果对于评价煤矿采空区充填煤矸石对矿井水的预处理效果和风险评价具有重要意义。

7.1 实验方法与内容

7.1.1 实验装置

实验采用高 90 cm、内径 11 cm 的有机玻璃柱填充煤矸石,实验装置组成及其简图、煤矸石填充方法详见 5.1 节有关内容。测得填充的煤矸石柱容重为 1.7 g/cm³,有效孔隙度 θ 为 0.29(研究区地下水库采空区填充煤矸石的孔隙度约为 0.25)。

7.1.2 实验方法

实验开始前,先用蠕动泵由下至上通入去离子水,以排除柱中空气及煤矸石中杂质对实验的干扰,待水样 TDS≤60 mg/L,DOC≤5.5 mg/L 时,淋滤用水改为矿井水。参考研究区地下水库矿井水的水力停留时间,设定渗流流量为 0.5 mL/min(流速 0.32 cm/h)。实验温度为 30 ℃,以模拟井下采空区地下水库的恒温环境。按照设置好的取样时间在淋滤柱顶部定期取样,模拟实验时长 1 016 h,矿井水淋滤量为 12.54 个孔隙体积数(PV 数)。PV 数等于煤矸石柱淋出液体积除以煤矸石柱的孔隙体积,即:

$$PV = V_C/V_0 \tag{7-1}$$

$$V_C = 60qt \tag{7-2}$$

式中,V_C 为淋出液的体积,mL;V_0 为填充煤矸石柱饱水后的孔隙体积,mL,取 2 479 mL;q 为渗流流量,本实验中均值为 0.51 mL/min;t 为实验时间,h。

由式(7-1)、式(7-2)可知,PV 数可有效反映模拟实验时间和处理矿井水量的变化,可作为淋滤实验标准化的计量时间[200]。

将定期取得的水样经 0.45 μm 玻璃纤维滤膜过滤后保存在棕色玻璃瓶中及时分析"三氮"、TN、DOC、COD、pH、Cl^-、EC、氧化还原电位(ORP)等理化指标。

根据测得的总氮(TN)和无机氮(TIN),水样有机氮 ORG-N(mg/L)的浓度经下式计算确定:

$$C_{TIN} = C_{NO_3^- -N} + C_{NO_2^- -N} + C_{NH_4^+ -N} \tag{7-3}$$

$$C_{ORG-N} = C_{TN} - (C_{NO_3^- -N} + C_{NO_2^- -N} + C_{NH_4^+ -N}) \tag{7-4}$$

其中 C_{ORG-N}、C_{TIN} 和 C_{TN} 分别为有机氮、无机氮和总氮的浓度,mg/L;$C_{NO_3^- -N}$、$C_{NO_2^- -N}$ 和 $C_{NH_4^+ -N}$ 分别为氨氮、亚硝态氮和硝态氮的浓度,mg/L。

7.1.3　测试方法

7.1.3.1　COD

COD 测试采用紫外分光光度法。取预处理过的水样于 50 mL 比色管中,如果样品浓度超过测试标线上限,需对样品再进行稀释。用光度计测试波长在 254 nm 处的吸光度,通过标准曲线计算得出 COD 浓度。COD 标准曲线的绘制通过测试已知 COD 浓度的吸光度拟合而成,并配制标准试剂对标线进行验证。

如图 7-1 所示,实验用 COD 标准曲线:$y = 138.42x + 1.319\ 9 (r^2 = 0.999\ 7)$,其中 x 为校正后的吸光度,y 为 COD 浓度。

7.1.3.2　TN

水样总氮的测试采用日本岛津公司的 TOC-L CSH/CSN 分析仪,利用燃烧法测定。将待测样品注入温度为 720 ℃ 的燃烧管,样品中的含氮化物

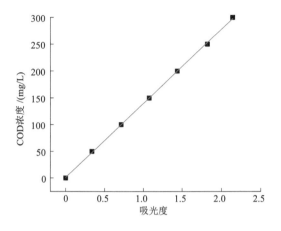

图 7-1　COD 标准曲线

燃烧氧化生成一氧化氮(NO),NO 经过冷却干燥后被化学发光仪器检测到,检测信号会生成一个峰。根据峰的平均面积,计算得出 TN 浓度。

如图 7-2 所示,实验用 TN 标准曲线:$y = 0.137\ 4x + 0.005\ 1(r^2 = 0.999\ 6)$,其中 x 为峰的平均面积,y 为 TN 浓度。

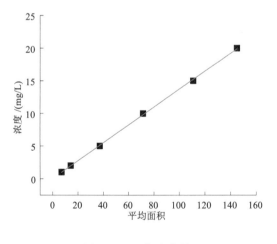

图 7-2　TN 标准曲线

"三氮"、DOC、pH、电导率、氧化还原电位(ORP)等理化指标测试方法及仪器见第 3～4 章。

7.2 矿井水理化特征

实验用矿井水取自补连塔煤矿 22308 综采工作面,22308 综采工作面的矿井水主要由含水层水(顶板基岩淋水)、采空区积水和生产废水三部分组成,其中生产废水(设备冷却水+乳化液)占 70%~90%,其余占 10%~30%,生产废水水量约为 35~45 m³/h。

将在神东煤炭集团有限责任公司补连塔煤矿 22308 综采面取得的矿井水 1 天内运回实验室,经 0.45 μm 玻璃纤维滤膜过滤后 4 ℃冷藏作为实验淋滤用水,图 7-3 为取样照片。

图 7-3 补连塔煤矿 22308 综采工作面矿井水取样照片

水中"三氮"、总氮(TN)、COD、DOC、Cl⁻、EC 等理化指标如表 7-1 所示。

表 7-1　矿井水水化学特征一览表

指标	测值范围	指标	测值范围
TN/(mg/L)	37.75～43.74	HCO_3^-/(mg/L)	712.58～862.31
DOC/(mg/L)	99.63～115.4	Na^+/(mg/L)	825.13～845.43
NO_2^--N/(mg/L)	23.31～26.82	K^+/(mg/L)	39.31～42.01
NH_4^+-N/(mg/L)	1.97～5.74	Ca^{2+}/(mg/L)	77.33～92.43
NO_3^--N/(mg/L)	0.49～0.66	Mg^{2+}/(mg/L)	66.12～83.19
COD/(mg/L)	334～380	Fe^{3+}/(mg/L)	3.87～4.89
Cl^-/(mg/L)	351.9～372.9	EC/(μS/cm)	3 969～5 455
SO_4^{2-}/(mg/L)	73.5～101.2	pH	8.48～8.97

由表 7-1 监测数据可知,取得的矿井水具有高矿化度的特点,这与已有文献报道一致[51]。由于取得的矿井水中生产废水比重较大,因此,水样中氮素及有机物等的含量较高。受生产工况的影响,不同时间取得的矿井水水质会有所差异。

7.3　煤矿地下水库采空区充填煤矸石中有机质作用下的氮素迁移转化

7.3.1　模拟柱水文地质参数的确定

模拟柱水文地质参数主要通过矿井水中 Cl^- 的穿透曲线得到。图 7-4 为实验期间矿井水淋出液和淋入液 Cl^- 质量浓度随 PV 数的变化趋势。如图 7-4 所示,在 1.58PV 时淋出液 Cl^- 质量浓度达到穿透,浓度为 348.91 mg/L,之后在 345～357 mg/L 间波动,为淋入液 Cl^- 质量浓度的 98% 以上。

0～2.47PV 间淋入液氯离子质量浓度恒定(C_0＝351.9 mg/L),为明晰该阶段出流 Cl^- 质量浓度的变化特征、获得模拟柱的水文地质参数,因此以

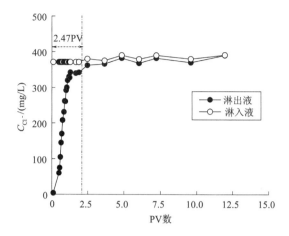

图 7-4　Cl⁻ 质量浓度的变化

淋出液 Cl⁻ 相对浓度(C/C_0)为纵坐标,PV 数为横坐标,绘制了该阶段柱顶淋出液拟合和实测的 Cl⁻ 穿透曲线(BTCs),详见图 7-5。假设阻滞系数 R 等于 1,q 固定为 0.32 cm/h,根据实测的穿透曲线数据,使用 CXTFIT 2.1 中的 CDE 模型反求水动力弥散系数 D[201],拟合结果如表 7-2 所示。

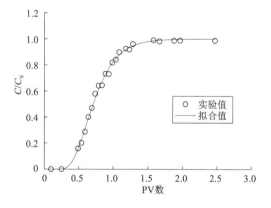

图 7-5　0～2.47PV 下 Cl⁻ 质量浓度的运移拟合结果对比

如表 7-2 和图 7-5 所示,在 30 ℃、渗流流量为 0.32 cm/h 的情况下,填充煤矸石柱中 Cl⁻ 运移可以用 CDE 模型较好地拟合,r^2 为 0.996。分子扩

散系数 D_f、机械弥散系数 D_h、P_e 数、孔隙度 θ 和弥散度 λ 的计算结果如表 7-2 所示。由表中数据知,填充介质的孔隙度计算值为 0.22,接近地下水库填充矸石的实际孔隙度 0.25,但是 P_e 值却远低于文献报道值[202,184,203]。据 Bryant 等的研究报道[204],当 P_e 值在 1~100 时,表明溶质弥散作用更为显著。因此,本模拟实验填充煤矸石柱中 Cl^- 的弥散对溶质运移起到重要作用,模拟计算的较高的数值 D、D_f、D_h 和 λ 也证实了这一点。其中 λ 值高于已报道的 0.1~2.6 cm 数值,也高于了第 5、6 章里计算得到的 λ 值(2.9~4.91),这与温度、粒径、模型尺度和填充介质的性质均相关[76,184,205-208]。拟合得到的 D、D_f、D_h 明显低于第 5、6 章的数值,这主要与低的孔隙流速有关。

表 7-2 Cl^- 穿透曲线 CDE 模型拟合参数值

T/℃	q /(cm/h)	CDE 模型				θ ($\theta=q/v$)	$\lambda(\lambda=D/v)$ /cm	$D_h(D_h=D-D_f)$ /(cm²/h)	P_e ($P_e=$ vL/D)	$D_f(D_f=$ vd/P_e) /(cm²/h)
		D /(cm²/h)	v /(cm/h)	r^2	MSE					
30	0.32	9.01	1.46	0.996	0.101	0.22	6.17	8.96	14.58	0.05

注:d—填充砂土的平均粒径,cm,取 0.5 cm;L—柱子长度,cm,取 90 cm。

7.3.2 有机氮和氨氮在煤矿采空区充填煤矸石中的迁移转化

以柱顶淋出液和注入矿井水中有机氮及氨氮的实测浓度为纵坐标,PV 数为横坐标作图,得到矿井水中有机氮及氨氮的浓度变化曲线,如图 7-6 所示。0~1.19PV 间,淋出液有机氮浓度逐渐上升到最大值 9.19 mg/L(为淋入液有机氮浓度的 76.8%),1.19~2.47PV 间,淋出液有机氮浓度又快速下降到最小值 2.4 mg/L(2.47PV),之后逐渐上升至实验后期趋于稳定并接近于淋入液浓度。实验过程中,淋出液有机氮浓度在 0.04~11.58 mg/L 之间,绝大部分低于有机氮的进水浓度(8.8~12.82 mg/L)。由图 7-6(b)可知,淋出液氨氮的浓度变化与有机氮相反。0~2.47PV 间,氨氮浓度快速上升并在 2.47PV 时达到了最大值 12.11 mg/L,之后快速下降并趋于稳定并略高于初始值。实验期间淋出液氨氮的浓度在 1.66～12.11 mg/L 之间,绝大部分高于氨氮的进水浓度为 1.97～5.74 mg/L,这说明矿井水淋出液氨氮的升高与有机氮的矿化作用有关。

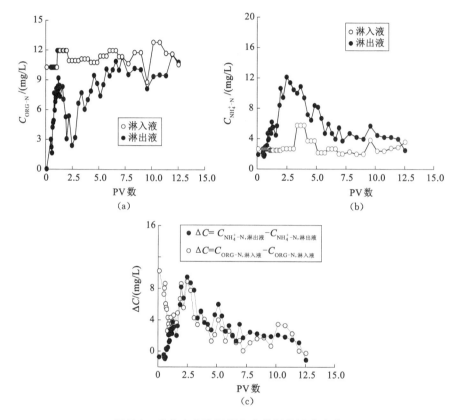

图 7-6 矿井水出流氨氮和有机氮的浓度变化

图 7-6(c)为实验过程淋出液和淋入液氨氮的增加值($\Delta C_{NH_4^+-N}$)、淋入液和淋出液有机氮的减少值(ΔC_{ORG-N})随 PV 数的变化曲线。由图可知,在 0～1.19PV 间,ΔC_{ORG-N} 快速下降到最低值,之后,ΔC_{ORG-N} 基本和 $\Delta C_{NH_4^+-N}$ 吻合,这说明有机氮发生矿化作用主要生成了氨氮[209-211],从而导致氨氮在淋出液中的浓度高于淋入液的浓度,反应式如下:

$$ORG\text{-}N \xrightarrow{\text{微生物}} NH_4^+\text{-}N \tag{7-5}$$

2.47PV 时,$\Delta C_{NH_4^+\text{-}N}$ 及 $\Delta C_{ORG\text{-}N}$ 均达到了最大值,这与图 7-6(a～b)的结果一致。之后,$\Delta C_{NH_4^+\text{-}N}$ 及 $\Delta C_{ORG\text{-}N}$ 同步快速减小,这是由于随着时间的推移,水-岩间的溶解氧逐渐被有机物的氧化耗尽,有机氮矿化作用逐渐减弱,从而导致生成的氨氮含量快速减小。由于注入矿井水中 Fe^{3+}、Ca^{2+}、Mg^{2+} 含量较高,其阳离子交换能力高于氨氮,从而抑制了氨氮在煤矸石上的吸附[211,212]。因此,本实验中 $\Delta C_{NH_4^+\text{-}N}$ 可代表有机氮矿化生成的氨氮量。

7.3.3 亚硝态氮和硝态氮的迁移转化

图 7-7 为淋出液中亚硝态氮的浓度随 PV 数的变化。由图 7-7 及表 7-1 可知,尽管矿井水淋入液中亚硝态氮含量很高(23.31～32.52 mg/L),但是淋出液亚硝态氮在 0.002～0.034 mg/L 间波动,去除率在 99.9% 以上。这是由于在注入矿井水较高的 C/N 比(2.32～3.08)条件下,在模拟的采空区缺氧环境中,会有效促使亚硝态氮发生还原反应[213,214]。另外,由于注入的矿井水中溶解有少量氧气,因此在模拟的水-岩环境溶解氧含量较低的条件下,亚硝态氮也可能首先被氧化为硝态氮,随后再进行还原反应,反应方程式如下[215,216]:

$$NO_2^- + O_2 \longrightarrow NO_3^- \tag{7-6}$$

$$NO_3^- \xrightarrow{\text{硝酸还原酶}} NO_2^- \xrightarrow{\text{亚硝酸还原酶}} NO \xrightarrow{\text{NO还原酶}} N_2O \xrightarrow{\text{N}_2\text{O还原酶}} N_2$$

$$\tag{7-7}$$

当地下水 ORP 大于 334 mV 时,易于发生有机碳的氧化分解作用。当地下水中 ORP 小于 231 mV、DO 含量小于 2 mg/L 时,就可以发生反硝化反应,且 ORP 值越低,表明还原环境就越强、越易于发生生物反硝化作用[215]。

实验期间,测得淋出液 ORP 在 15～118 mV 间波动,已明显低于 231 mV 临界值,还原环境较强,因此矿井水中的亚硝态氮在模拟的地下水库采空区中应当以还原作用为主。

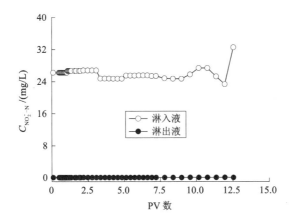

图 7-7　矿井水出流亚硝酸盐氮浓度的变化

　　图 7-8 为矿井水中硝酸盐氮的浓度随 PV 数的变化。由图 7-8 可知,矿井水中硝酸盐氮在 0.45～0.65 mg/L 间,经煤矸石柱淋出后含量明显降低。其中在 0～1PV 间,淋出液硝酸盐氮含量较高,在 0.03～0.32 mg/L 之间,这与充

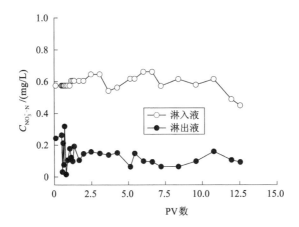

图 7-8　矿井水出流硝酸盐氮浓度的变化

填煤矸石中溶出的硝酸盐、注入的硝酸盐氮及其还原作用均有关系。1PV 之后,随着煤矸石柱中氧化-还原环境逐渐稳定,并且在注入矿井水中较多的有机物作用下,使得硝酸盐更易于发生反硝化作用而导致其含量较 1PV 前有明显降低,在 0.06～0.19 mg/L 间波动,去除效率在74.1%～90%。

7.3.4 总氮的变化

图 7-9(a)为实验过程测得矿井水淋入液和淋出液总氮浓度随 PV 数的

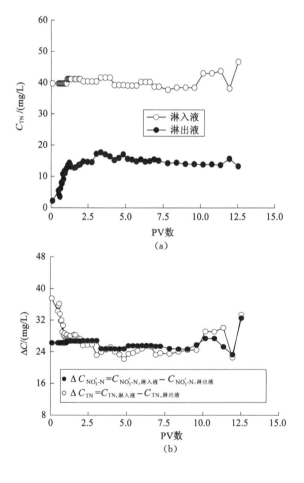

(a)

(b)

图 7-9 矿井水出流总氮浓度的变化

变化。在 0～1.23PV 间,淋出液的 TN 浓度快速增加到最大值 14.39 mg/L,仅占淋入液的 35％;1.23～3.36PV 间,淋出液 TN 浓度缓慢增加,最大值为淋入液的 42.5％;随后,淋出液 TN 浓度趋于稳定并有缓慢下降的趋势。1.23～12.54PV 间,TN 的去除效率在 57.3％～71.5％间逐渐增加。

图 7-9(b)为实验过程淋入液和淋出液 TN 和亚硝酸盐氮的减少值 (ΔC_{TN}、$\Delta C_{NO_2^- -N}$)随 PV 数的变化曲线。由图可知,在 1.23PV 后,$\Delta C_{NO_2^- -N}$ 和 ΔC_{TN} 较接近,这说明实验过程矿井水中 TN 的减少主要与亚硝酸盐的还原作用相关,另外硝酸盐的还原作用也有一定的去除 TN 的效果,但是由于淋入矿井水中硝酸盐含量较低,所以不是 TN 去除的主要因素。

7.3.5 COD 和 DOC 的变化

图 7-10 为矿井水中 COD 和 DOC 的浓度随 PV 数的变化。由图可知,淋出液 COD 和 DOC 浓度的穿透点均晚于氯化物(1.58PV),COD 和 DOC 的穿透曲线延迟,可归因于煤矸石对 DOM 的吸附。

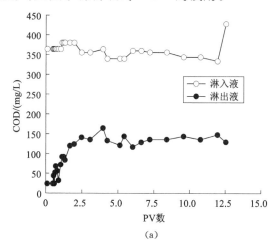

(a)

图 7-10 矿井水出流 COD 和 DOC 浓度的变化

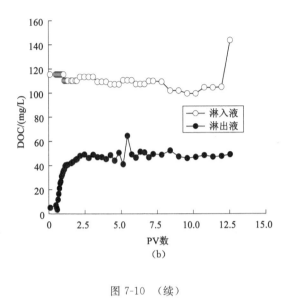

图 7-10 （续）

根据 X 射线衍射(XRD)分析,研究基质中包括伊利石、高岭石、绿泥石在内的黏土矿物含量为 43.3%,它们对有机物具有一定吸附能力[217,218]。2.47PV后,淋出液 COD 和 DOC 分别为淋入液的 32%～42% 和 34%～51%,相应的去除效率分别为 58%～68% 和 49%～66%,平均值分别为 62% 和 56%,这与有机污染物通过氨化、反硝化等的生物降解作用有关。

7.3.6 pH 和 EC 的变化

矿井水在模拟地下水库采空区运移过程中基于水-岩间的氧化还原反应(本章以矿化和生物反硝化作用为主)、溶解-沉淀等作用会导致出水 pH 如何变化? pH 也是评价地下水库采空区处理矿井水效果及反映水质的重要指标。因此,本研究以柱顶淋入和淋出液 pH 值为纵坐标,PV 数为横坐标作图,得到矿井水在充填煤矸石运移过程中 pH 值的变化过程,如图 7-11 所示。由图可知,在整个实验过程中,虽然淋出液 pH 值逐渐升高,但始终低于矿井水淋入液 pH 值。由 7.3.2～7.3.4 部分研究结果可知,在矿井水中有机物发生矿化分解及作为电子供体参与无机氮的还原过程中,均会被降解为低分子量有机酸,从而导致出水 pH 值低于淋入液的数值。

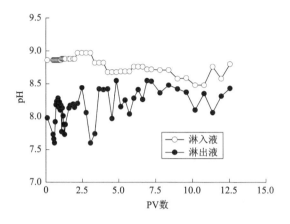

图 7-11　矿井水出流 pH 值的变化

此外,如表 7-1 所示,注入的矿井水中 HCO_3^- 含量较高,Ca^{2+} 含量相对较低,在模拟的水-岩系统间会促使碳酸钙和二氧化碳的形成(实验过程淋出液有白色沉淀生成):

$$2HCO_3^- + Ca^{2+} \Longrightarrow Ca(HCO_3)_2 \tag{7-8}$$

$$2Ca(HCO_3)_2 \Longrightarrow 2CaCO_3 \downarrow + H_2O + 2CO_2 \tag{7-9}$$

生成的溶解态二氧化碳则可破坏水-岩间的碳酸平衡:

$$CO_2 + H_2O \Longrightarrow H_2CO_3 \tag{7-10}$$

$$H_2CO_3 + H_2O \Longrightarrow HCO_3^- + H^+ \tag{7-11}$$

从而导致生成更多的 H^+,因此就出现了淋出液 pH 值始终低于淋入液的现象。

图 7-12 为矿井水中电导率随 PV 数的变化。随着实验时间的增加,淋出液电导率 EC 从 108 $\mu S/cm$ 急剧增加到 3 248 $\mu S/cm$。此后,缓慢上升,后

期逐渐稳定在 3 667～3 885 μS/cm 之间,是矿井水的 82%～98%。这是由于研究用矿井水中含有较高含量的 Na^+,并含有 K^+ 等离子成分,它们可通过与煤矸石表面的 Ca^{2+}、Mg^{2+} 发生阳离子交换作用,导致碳酸钙类沉淀物质的生成,从而使得淋出液电导率低于淋入液。淋出液总氮浓度的降低也有助于 EC 减少。

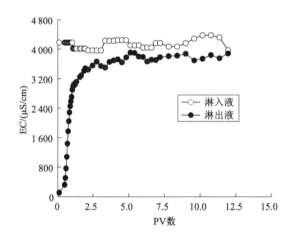

图 7-12　矿井水出流 EC 的变化

7.4　讨论

有机氮的矿化作用,是指有机氮在微生物的作用下转化为无机氮(氨氮和硝态氮)的过程。矿化过程分为两个阶段:第一阶段为氨基化阶段,在这个阶段各种复杂的含氮化合物如蛋白质、氨基糖及核酸等在微生物酶的水解下,逐级分解形成简单的氨基化合物;第二阶段为氨化阶段,即经氨基化作用产生的氨基酸等简单的氨基化合物,在微生物参与下,进一步转化释放出氨的过程。在缺氧的情况下,氨是有机氮的最终降解产物。当水中有一定氧气存在时,在硝化细菌的作用下,氨可进一步被氧化成亚硝酸盐,最后被氧化成硝酸盐(硝化作用)。矿化作用受岩土理化性质(有机质含量、含氮量、C/N、pH、含水量等)、温度、微生物等综合的影响[211,219]。7.3.2 部分的研究结果表明,实验初期(0～2.47PV)在注入矿井水含有的少量溶解氧条件下,有机氮经矿化作用生成了较多的氨氮,该阶段氨基化和氨化微生物较为丰富。但受模拟环境条件的限制,氨氮没有再进一步氧化为硝酸盐,这也可从 7.3.3 部分的研究结果得到证实。实验中后期,随着水-岩系统还原环境的逐渐增强,有机氮矿化微生物数量逐渐减少导致有机氮的矿化作用逐渐减弱。

反硝化作用是指在厌氧或兼氧环境中,硝态氮通过异养微生物还原为气态氮的过程,参与硝酸盐还原的微生物种类繁多,且在有氧和无氧条件下均有多种反硝化菌可生长繁殖[215]。如式(7-7)所示,硝酸盐还原产物和还原程度与还原酶、微生物的种类密切相关。7.3.2、7.3.3 部分的研究结果表明,模拟的水-岩系统存在有较为丰富的硝酸盐和亚硝酸盐还原菌等微生物,因此才会有较高的硝酸盐、亚硝酸盐及总氮去除效率。

综上所述,在模拟的煤矿区地下水库缺氧环境中,在矿井水和充填煤矸石间的水-岩作用下,可产生较为丰富的微生物种类,包括硝酸盐还原菌、亚硝酸盐还原菌以及参与有机氮矿化作用的好氧菌等,可有效去除矿井水中的亚硝酸盐、硝酸盐及 TN。由于有机氮的矿化分解作用,矿井水中氨氮含量升高。但随着时间的推移,水-岩间的还原环境增强,导致矿化作用逐渐减弱。水-岩间的溶解-沉淀、生化作用等可影响地下水库出水的 pH 值,且煤矿区地下水库采空区预处理矿井水的效果和地下水库充填煤矸石及矿井水的成分密切相关。

7.5 小结

(1) 30 ℃、渗流流速 0.32 cm/h 条件下,Cl^- 在填充煤矸石柱中的运移过程性质稳定,基本不与填充介质发生反应,可以用 CDE 模型较好地表征其运移过程。较低的 P_e 值及较高的 D、D_f、D_h 和 λ 均表明弥散对溶质迁移起到重要作用。

(2) 0~1.19PV 间,淋出液有机氮质量浓度逐渐上升到最大值 9.19 mg/L,为淋入液有机氮质量浓度的 76.8%,1.19~2.47PV 间,淋出液有机氮质量浓度又快速下降到最小值 2.4 mg/L,之后逐渐上升至实验后期趋于稳定并略低于淋入液质量浓度。淋出液氨氮质量浓度变化与有机氮相反。0~2.47PV 间,氨氮质量浓度快速上升并在 2.47PV 时达到了最大值 12.11 mg/L,之后快速下降并趋于稳定。1.19PV 后,$\Delta C_{NH_4^+-N}$ 接近于 ΔC_{ORG-N},这说明在模拟的水-岩环境下存在有机氮的矿化分解作用。随着时间的推移,水-岩间的溶解氧含量逐渐减少,有机氮矿化作用逐渐减弱,从而导致生成的氨氮含量快速减小。

(3) 在模拟地下水库的缺氧环境、矿井水较高的 C/N 比条件下,亚硝酸盐的去除率在 99.9% 以上,这主要与亚硝酸盐的还原作用有关。随着煤矸石柱中还原环境逐渐增强,硝酸盐更易于发生反硝化作用导致其含量较淋入液有明显降低,硝酸盐去除效率在 74.1%~90%。实验过程中,淋出液 TN 经历了快速增加、缓慢增加、趋于稳定、缓慢降低四个阶段。1.23~12.54PV间,TN 的去除效率在 57.3%~71.5% 间逐渐增加。由于 1.23PV 后,$\Delta C_{NO_3^--N}$ 和 ΔC_{TN} 较接近,因此矿井水中 TN 的减少主要与亚硝酸盐的还原作用相关,另外硝酸盐的反硝化作用也起到了一定的作用。

（4）淋出液 COD 和 DOC 穿透曲线相较于 Cl⁻ 有延迟现象，这是由煤矸石中伊利石、高岭石、绿泥石对有机物的吸附所致。2.47PV 后，淋出液 COD 和 DOC 分别为淋入液的 32％～42％和 34％～51％，相应的去除效率分别为 58％～68％和 49％～66％，平均值分别为 62％和 56％，这与有机污染物的氨化、反硝化等生物降解作用有关。

（5）实验过程中，虽然淋出液 pH 值逐渐升高，但始终低于矿井水淋入液数值。由于实验用矿井水中的有机物在参与矿化反应和无机氮的还原过程中，会被降解为低分子量的有机酸，从而导致出水 pH 值低于淋入液 pH 值。此外，由于注入的矿井水中 HCO_3^- 含量较高，Ca^{2+} 含量相对较低，在模拟的水-岩系统间会促使碳酸钙和二氧化碳的形成，从而打破已有的水-岩间的碳酸平衡，导致生成更多的 H^+，因此出现了淋出液 pH 值始终低于淋入液的现象。由于研究用矿井水中含有较高含量的 Na^+，并含有 K^+ 等离子成分，它们可通过与煤矸石表面的 Ca^{2+}、Mg^{2+} 发生阳离子交换作用，导致碳酸钙类沉淀物质的生成，多种氮素的去除，均可使淋出液 EC 降低，最终稳定在淋入液的 82％～98％。

8　煤矸石对氟化物和氮素去除的有效性

我国煤炭资源分布具有"西多东少"的特点,且以地下开采为主,为了确保井下安全生产,必须排出大量的矿井水,直接排放不仅浪费宝贵的水资源,而且污染环境,西部矿区的缺水状况与矿井水的大量排放已经形成尖锐的矛盾。神东矿区作为我国最大的井工煤矿开采地,煤矸石年产量均在 1×10^7 t 以上,其中 1% 用于电厂发电,2% 利用煤矸石制砖,剩余大部分煤矸石用于采空区回填、沟壑填平、露天堆存等。随着煤炭的大量开采,煤矸石产量的不断增加,煤矸石综合利用率较低的问题日益凸显。

目前神东矿区共建成地下水库 35 座,储水总量约 3 100 万 $m^{3[109]}$,相当于两个西湖的水量,通过煤矿地下水库库容确定方法,神东矿区每年开采新增库容达 4 000 万 $m^{3[110]}$。自然资源部已将煤矿地下水库技术作为先进技术在全国推广应用。该技术运用井下采空区过滤净化系统、地面污水处理厂、矿井水深度处理的三级处理系统对矿井水进行净化利用。采空区过滤净化系统多是利用煤矸石对矿井水中的悬浮物、有机质等进行过滤、吸附、降解从而实现自然净化,而煤矸石自身需要满足污染物质释放量低及组分简单等特点,这就需要对煤矿地下水库建设区煤矸石中污染物质的溶出释放特征进行分析研究。由于煤矸石形成的地质年代及区域性的差异,煤矸石中各类污染物的溶出特征及对污染物的去除效果也有较大差别。

　　因此,本研究在第3章至第7章中,首先对补连塔煤矿侏罗系延安组煤田煤矸石、保德煤矿二叠系山西组煤田煤矸石及取得的矿井水为研究对象,在对其理化性质特征进行分析测试评价的基础上,开展了煤矸石中氟化物、氮素和溶解性有机质的溶出特征研究,采用柱模拟实验和数值模拟,探索研究了矿井水中氟化物、氨氮、有机氮、亚硝酸盐、总氮、COD等在模拟煤矿采空区充填煤矸石中的迁移转化规律,这对于煤矿采空区充填煤矸石对氟化物和氮素去除的有效性分析具有重要意义。

8.1　煤矸石氟化物、氮素及 DOM 溶出

　　第4章研究结果显示补连塔煤矿煤矸石氟化物释放量高于保德煤矿煤矸石,这与补连塔煤矿总氟含量(708.082 mg/kg)较高有关。两种煤矸石浸泡液 F^- 的释放规律均为实验初期快速上升,中后期趋于稳定,且浸泡液中 F^- 的浓度最终都大于 2.0 mg/L,超出我国《地下水质量标准》(GB/T 14848—2017)Ⅳ类水体要求,煤矸石中氟化物溶出量不仅与煤矸石的氟含量有关,还与煤矸石的矿物成分含量、水环境及离子交换作用等相关。

　　两矿煤矸石无机氮的溶出则以氨氮最高,其释放规律为先增加后降低,后期变化缓慢;保德煤矿煤矸石中氨氮最大溶出量为 2.232 mg/kg(浸泡 96 h),补连塔煤矿煤矸石最大溶出量 14.392 mg/kg(浸泡 144 h)。浸泡液中硝酸盐氮和亚硝酸盐氮的浓度较低,且补连塔煤矿煤矸石释放的无机氮浓度普遍高于保德煤矿。两种煤矸石溶出 DON 的含量较少,可以忽略其对水质的影响。

　　虽然保德煤矿煤矸石的烧失量是补连塔煤矿煤矸石的 3 倍,但其单位质量煤矸石中 DOC 的溶出量明显低于补连塔煤矿煤矸石(图 4-5),这与煤

矸石的岩性有关。据第 2、3 章内容，保德煤矿煤矸石形成于石炭-二叠纪，以泥质岩为主，固结性较强，表面较光滑，不易于煤矸石中有机质的溶出。补连塔煤矿煤矸石 DOM 具有比保德煤矿更高的芳香性、疏水性及相对分子质量。在一定的水-岩作用下，保德煤矿煤矸石会造成水体中类蛋白及少量紫外区腐殖质增加；补连塔煤矿煤矸石则会溶出大量短波类腐殖质与相对分子质量大、芳香度较高的腐殖酸类有机质。从荧光强度也可以看出，补连塔煤矿煤矸石溶出有机质的量高于保德煤矿，且补连塔煤矿煤矸石溶出有机质的腐殖化程度较高；保德煤矿煤矸石中 DOM 具有更明显的"自生源"特征。保德煤矿煤矸石溶出的 DOM 含量少且多为相对分子质量较小、芳香度较低的有机质，在水处理过程中要注意其引起的菌群量增加情况；补连塔煤矿煤矸石则会溶出大量陆源类腐殖质，可能会对矿井水水质产生较大影响，从而影响矿井水出水水质，应重点防范。

8.2　煤矸石对氟化物的去除

从第 3 章矿井水水质检测结果可以看出，补连塔煤矿、保德煤矿矿井水都有不同程度的 F^- 超标现象。这与矿井水中含有较多生产废水有关，在碱性环境下，含氟矿物的溶解以及 HCO_3^- 的竞争吸附也是造成矿井水中 F^- 浓度超标的重要原因，同时高 TDS 也可导致矿井水中 F^- 富集。

第 5 章中通过室内柱模拟实验模拟矿区地下水库的水文地质条件，开展了 25 ℃、达西流速分别为 1.56 cm/h(1 mL/min)、3.12 cm/h(2 mL/min) 和 6.24 cm/h(4 mL/min) 条件下 F^- 在补连塔煤矿和保德煤矿采空区充填煤矸石中的迁移规律对比分析。氟化物在两矿采空区充填煤矸石中的穿透曲线变化规律相似，即在三个流速下淋出液中 F^- 浓度变化均经历了背景值波动、快速上升以及缓慢上升至穿透三个阶段。但相对于保德煤矿煤矸石，氟化物在补连塔煤矿煤矸石充填柱中达到穿透所需时间更长，三个流速下的补连塔煤矿煤矸石对氟化物吸附的 R 值(5.14、8.84、17.44)均大于保德煤矿煤矸石 R 值(4.07、5.65、9.6)，补连塔煤矿煤矸石对 F^- 吸附的 K_d 以及 S 值均高于同流速条件下保德煤矿煤矸石数值，因此补连塔煤矿煤矸石对氟化物的吸附去除效果更加显著。据第 3 章内容知，保德煤矿煤矸石仅含有高岭石一种黏土矿物，而补连塔煤矿煤矸石中含有伊利石、高岭石和绿泥石三种黏土矿物，且含量均较高，其中伊利石可以通过离子交换、形成络合物等多种方式去除氟化物，从而出现了以上结果。煤矸石对 F^- 吸附的线性分配系数 K_d 以及平衡吸附量 S 均随着流速的减小而增大。

8.3 煤矸石对氮素的去除

8.3.1 煤矸石吸附去除氨氮的能力

据第 6 章研究结果，氨氮在模拟补连塔煤矿地下水库充填煤矸石的运移过程中，存在显著的阻滞作用，其实际迁移速度为 0.77 cm/h，仅为示踪剂 Cl^- 迁移速度的 7.0％，吸附阻滞系数 R 较高为 14.35，这表明矸石对氨氮具有较强的吸附作用及去除效果，淋出液氨氮浓度能在较长时间内保持较低的含量水平，这也可以从补连塔煤矿地下水库对氨氮的去除效率为 96.99％ 得到证实(3.2.6 节)。但是当矸石对氨氮的吸附达到饱和后，可能由于水-岩间微生物的滋生发生氨氮的硝化作用，导致产生一定的硝酸盐和亚硝酸盐，详见第 6.2 节内容。

保德煤矿煤矸石对氨氮的吸附能力也在前述室内外实验中得到了很好

的验证。煤矸石对氨氮的吸附主要为均匀的单分子层吸附,吸附过程主要受化学吸附机理控制,当氨氮的吸附和脱附速率一致时即达到动态平衡。煤矸石对中低浓度氨氮饱和吸附量可达 113.05 mg/kg,这说明煤矸石具有更好的吸附氨氮的能力。同实验条件下,保德煤矿煤矸石对氨氮的吸附阻滞系数 R 值(23.79)大于补连塔煤矿煤矸石对 NH_4^+-N 吸附阻滞系数 R 值(14.35)。据 6.3 节内容,煤矸石对氨氮的吸附主要与煤矸石中的黏土矿物高岭石有关,由于保德煤矿煤矸石中仅有高岭石黏土矿物,含量高达64.5%,明显高于补连塔煤矿煤矸石,因此保德煤矿煤矸石对氨氮的吸附效果更好。

补连塔煤矿和保德煤矿地下采空区出水氨氮、TN 浓度都低于进水,去除率在 62.23%～99.38%,这与室内研究结果一致。

8.3.2 影响煤矸石吸附氨氮的因素

第 6 章的研究结果证明了煤矸石可以很好地吸附去除氨氮,第 4 章矿区地下水库进出水的检测结果也进一步表明:地下水库中充填的煤矸石对矿井水中 TDS 和氨氮都有较好的净化去除效果。这说明在矿区地下水库中充填煤矸石去除氨氮在理论和实践上均有效可行。在煤矿生产过程中,随着工况的改变,影响煤矸石吸附去除氨氮效果的因素较多,主要有如下几方面:

① 煤矸石的性质、物质组成以及含量:不同性质和成分的煤矸石在煤矿采空区充填后,其在净化矿井水的过程中,溶出的离子成分及含量会对氨氮的吸附产生一定影响,但是影响有限且时间较短。

② 矿井水水质和水量:矿井水水质比较复杂,其含有的某些离子可能会成为干扰煤矸石吸附氨氮的主要原因,且注入采空区的水量及水中氨氮浓

度的变化也会对氨氮的去除产生一定影响。

作为实现保水采煤的方式之一,地下水库技术已在我国多个西部生态脆弱煤矿区得到了实施,然而有关水质保障及引发的环境风险等安全运行问题报道甚少,并且这些亟需解决的问题也成为了该技术在全国范围内有效实施的瓶颈[200,214,215,217]。本文通过室内模拟实验,结合现场取样分析,开展了矿井水中氟化物和多种氮素在地下水库采空区充填煤矸石中的迁移动力学、生物化学作用类型及水处理效果分析研究,研究内容对于评价西部煤矿区地下水库运行关键技术的可行性具有重要意义,也可为该技术的有效实施提供水质保障和安全运行方面的理论依据。

9 结　　论

本文在前人研究成果基础之上,运用地下水动力学、多孔介质溶质运移、环境化学以及水文地质学等多学科相关理论,利用理论、实验、检测、数值模拟和统计分析相结合的方法,对氟化物和氮素在西部煤矿采空区充填煤矸石中的迁移转化规律进行了深入研究,并取得了一系列成果。

(1) 我国神东煤炭集团有限责任公司补连塔煤矿、保德煤矿和大柳塔煤矿矿井水中阳离子以 Na^+、Mg^{2+} 为主,阴离子以 HCO_3^- 为主,其次是 Cl^- 和 SO_4^{2-},通常 Na^+ 含量较高的矿井水中 F^- 浓度也较高。补连塔煤矿和保德煤矿矿井水 F^- 超标率分别为 100%、75%,其中补连塔煤矿 F^- 最大超标倍数 8.34,这与矿井水中含有较多生产废水有关。在碱性环境下,含氟矿物的溶解以及 HCO_3^- 的竞争吸附也是造成矿井水中 F^- 浓度超标的重要原因,同时高 TDS 也可导致矿井水中 F^- 富集。补连塔煤矿和保德煤矿矿井水中都有氨氮超标现象,氨氮含量在 0.16~20.97 mg/L,最大超标倍数 40.94,并且补连塔煤矿 22308 综采面生产废水亚硝酸盐含量也较高,在 0.91~19.77 mg/L,这与矿井水中高比例的生产废水及输送、储存过程中缺氧环境下硝酸盐的不完全反硝化作用有关。

(2) 补连塔煤矿和保德煤矿煤矸石浸泡液均呈弱碱性,其中补连塔煤矿煤矸石氟化物、无机氮、DOM 和盐分的溶出量均高于保德煤矿煤矸石,这与煤矸石的化学成分、矿物组成密切相关。两种煤矸石氟化物的溶出量均在24～48 h 内快速升高,后缓慢上升并趋于稳定;无机氮的溶出物中以氨氮为主,其含量变化规律为先增加后降低并趋于稳定;两种煤矸石溶出的 DOM 均以内源有机质为主,且具有较强的自生源特征,这与生物或细菌活动密切相关。保德煤矿煤矸石 FI、BIX 指数高于补连塔煤矿,而 HIX 指数则相反,这说明地质年代越早,煤矸石 DOM 样品的"微生物源"特征越明显,受"外源"的影响也就越小。与以泥岩为主的保德煤矿煤矸石相比,以砂岩及砂质泥岩为主的补连塔煤矿煤矸石更有利于离子成分的溶出,因此补连塔煤矿煤矸石浸泡液的总离子浓度高于保德煤矿。

(3) 分别注入 Cl^- 浓度为 201.56～205.94 mg/L、F^- 浓度为 9.95～10.102 mg/L 的淋入液,开展 25 ℃、达西流速为 6.24 cm/h、3.12 cm/h、1.56 cm/h 的柱模拟实验,研究结果表明:Cl^- 在两矿采空区充填煤矸石中的穿透曲线均经历了背景值附近波动、快速上升至保持稳定的三个阶段,穿透时间随流速的减小而增加。Cl^- 在填充煤矸石柱中的运移过程性质稳定,基本不与填充介质发生反应,可以用 CDE 模型较好地表征其运移过程。溶质弥散系数 D 随着达西流速的增加而增大,溶质运移以对流为主,弥散度 λ 在 4.1～4.9 间。同条件下,F^- 的运移相较于 Cl^- 存在明显的迟滞现象,穿透时间显著延长。CDE 模型可以更好地表征 F^- 在补连塔煤矿采空区充填煤矸石中的运移过程,而双点位吸附溶质运移模型可以更好地描述 F^- 在保德煤矿采空区充填煤矸石中的迁移规律,β、f 及 ω 值随流速的变化规律说明溶质运移过程中平衡吸附作用随流速减小逐渐增强。两矿煤矸石对 F^- 的吸附阻滞系数 R、线性分配系数 K_d 以及平衡吸附量 S 均随着流速的减小而增大,且补连塔煤矿煤矸石对 F^- 的吸附性强于保德煤矿煤矸石。随着淋入液的持续通入,OH^- 被 F^- 置换出来,淋出液 pH 值逐渐升高直至达到吸附平衡而趋于稳定,淋出液 EC 值逐渐升高并趋于稳定。不同流速下煤矸石柱淋出液 pH 值和 EC 变化规律与 F^- 的穿透曲线变化相似。

(4) 25 ℃、达西流量为 2.0(±0.06) mL/min 下氨氮在补连塔煤矿采空区充填煤矸石柱模拟实验(841.5 h)中,淋入液氨氮、Cl^- 平均质量浓度分别为 18.37 mg/L、52.61 mg/L。根据实验结果计算得到的氨氮的 v 和 D_L 值仅为 Cl^- 的 0.07 倍。170.0 h 之前氨氮在研究的煤矿采空区充填煤矸石迁移过程中存在显著的吸附作用,之后吸附逐渐达到饱和、发生了较明显的硝化及反硝化作用,生成的硝酸盐、亚硝酸盐及其他气态氮化合物是导致淋出液氨氮含量减少的主要原因。淋出液 pH 值缓慢上升且始终高于淋入液,这与煤矸石碱性物质的溶出及硝酸盐的还原作用有关。EC 值在 176.0 h 达到最高值 373.9 μS/cm 后开始降低并稳定在 335.0~349.8 μS/cm,约是淋入液 EC 值的 1.45~1.51 倍,这与在实验后期煤矸石柱中已形成比较稳定的水-岩微生物环境有关。

(5) 达西流速 3.12 cm/h、25 ℃条件下,氨氮在保德煤矿采空区充填煤矸石中的运移也有明显迟滞现象,双点位吸附溶质运移模型能够更好地表征氨氮运移过程。氨氮的吸附存在"瞬时"平衡和一级动力学吸附假设的非平衡吸附 2 种作用,其平衡吸附量为 85 mg/kg,其生物转化作用可以忽略。保德煤矿煤矸石中丰富的小孔和微孔结构及较高的比表面积是其对氨氮的吸附作用强于补连塔煤矿煤矸石的主要原因。准二级动力学模型($r^2 = 1$)和班厄姆孔道扩散模型($r^2 = 0.994$)能较好地表征煤矸石对氨氮的吸附动力学过程,煤矸石对氨氮的饱和吸附量为 0.126 mg/g。氨氮在煤矸石孔道内扩散吸附现象明显,煤矸石对氨氮的吸附过程中有化学键作用,主要受化学吸附机制控制。煤矸石对氨氮的吸附能力随着氨氮浓度的增加而提高,Langmuir 吸附等温模型可较好地表征煤矸石对氨氮的吸附过程,这说明煤矸石对氨氮的吸附为单分子层吸附,煤矸石外表面以及内孔道表面的吸附作用同时存在,并同时存在物理和化学作用。由于石英等成分的存在,煤矸石表面存在吸附点位不均匀的情况。

(6) 取得补连塔煤矿 22308 综采面高矿化度矿井水,通过较大尺度的煤矸石柱模拟补连塔煤矿地下水库的水文地质环境,结合水中 TN、"三氮"、Cl^- 等理化指标的测试,开展了矿井水中氮素的迁移转化规律研究,结果表明:渗流流量均值 0.51 mL/min、1 016 h(12.54 个孔隙体积数)内,较低的 P_e 值及较高的 D、D_f、D_h 和 λ 均表明弥散对溶质迁移起到重要作用。在模拟的水-岩间的缺氧环境中,同时存在有机氮的矿化作用、亚硝酸盐及硝酸盐的反硝化作用。随着还原环境的逐渐增强,有机氮的矿化作用逐渐减弱,导致水中氨氮含量先快速增加后又逐渐减小并趋于稳定。在矿井水 C/N 比为 2.32～3.08 的条件下,矿井水 TN 的去除效率在 57.3%～71.5%间,亚硝酸盐的去除率在 99.9%以上,这主要与亚硝酸盐的还原作用相关。淋出液 COD 和 DOC 值在上升后分别稳定在 132.24～144.64 mg/L 和 42.6～52.3 mg/L,去除率分别为 60.3～63.7%和 54.7～64.7%。有机物降解过程低相对分子质量有机酸的生成及水-岩间已有碳酸平衡的破坏,使得水中 H^+ 含量升高,从而出现了淋出液 pH 值始终低于淋入液的现象。矿井水中的 Na^+、K^+ 等离子成分可与煤矸石表面的 Ca^{2+}、Mg^{2+} 发生阳离子交换作用,导致碳酸钙类沉淀物质的生成,还有多种氮素的去除,均可使淋出液电导率降低,最终稳定在淋入液的 82%～98%。

(7) 根据补连塔煤矿和保德煤矿地下采空区进、出水的监测结果:出水氨氮、TN 浓度都低于进水,去除率在 62.23%～99.38%,EC、TDS 也有降低,因此矿井水在地下采空区通过对水中多种氮素、氟化物、EC 等的去除,使得出水水质得到净化,本书大量的室内研究结果充分证实了这一结果,室内外研究结果一致。

　　本书的研究成果对于评价我国西部生态脆弱煤矿区矿井水井下处理的有效性及环境风险具有重要意义,可对煤矸石中有害物溶出及生态影响的全面系统评价,氟化物和氮素在地下水中迁移转化的预测、预报和管理提供重要理论依据,丰富了环境水文地质学科、环境科学与工程学科的理论体系,为制定煤矸石和矿井水的高效资源化利用提供了决策依据。

参 考 文 献

[1] 谢和平,王金华.中国煤炭科学产能[M].北京:煤炭工业出版社,2014.

[2] 朱吉茂,孙宝东,张军,等."双碳"目标下我国煤炭资源开发布局研究[J].
中国煤炭,2023,49(1):44-50.

[3] YOUNGER P L,MAYES W M. The potential use of exhausted open pit
mine voids as sinks for atmospheric CO_2: insights from natural reedbeds
and mine water treatment wetlands[J]. Mine Water and the Environment,
2015,34(1):112-120.

[4] 张晟瑀.宁夏南部西吉县劣质地下水形成机理及治理技术研究[D].长春:
吉林大学,2013.

[5] 苗立永,王文娟.高矿化度矿井水处理及分质资源化综合利用途径的探讨
[J].煤炭工程,2017,49(3):26-28.

[6] 李文生,孙红福.马兰煤矿矿井水水质变化特征及成因[J].煤田地质与勘
探,2013,41(4):46-49.

[7] SKOUSEN J,ZIPPER C E,ROSE A,et al. Review of passive systems for
acid mine drainage treatment[J]. Mine Water and the Environment,2017,
36(1):133-153.

[8] 杨建,靳德武.井上下联合处理工艺处理矿井水过程中溶解性有机质变化特
征[J].煤炭学报,2015,40(2):439-444.

[9] 顾大钊.煤矿地下水库理论框架和技术体系[J].煤炭学报,2015,40(2):
239-246.

[10] 虎维岳.深部煤炭开采地质安全保障技术现状与研究方向[J].煤炭科学技
术,2013,41(8):1-5.

[11] 顾大钊,张勇,曹志国.我国煤炭开采水资源保护利用技术研究进展[J].煤炭科学技术,2016,44(1):1-7.

[12] 赵丽,孙艳芳,杨志斌,等.煤矸石去除矿井水中水溶性有机物及氨氮的实验研究[J].煤炭学报,2018,43(1):236-241.

[13] 张建民,李全生,南清安,等.西部生态脆弱区现代煤-水仿生共采理念与关键技术[J].煤炭学报,2017,42(1):66-72.

[14] 顾大钊,张建民,李全生,等.能源"金三角"煤炭开发水资源保护与利用:2亿吨级神东矿区水资源保护与利用技术探索与工程实践[M].北京:科学出版社,2012.

[15] 顾大钊,张建民,杨俊哲,等.晋陕蒙接壤区大型煤炭基地地下水保护利用与生态修复[M].北京:科学出版社,2015.

[16] 顾大钊.煤矿地下水库理论框架和技术体系[J].煤炭学报,2015,40(2):239-246.

[17] 范立民.保水采煤的科学内涵[J].煤炭学报,2017,42(1):27-35.

[18] FAN L M,MA X D. A review on investigation of water-preserved coal mining in Western China[J]. International Journal of Coal Science & Technology,2018,5(4):411-416.

[19] 陈苏社.神东矿区井下采空区水库水资源循环利用关键技术研究[D].西安:西安科技大学,2016.

[20] XIAO J,JIN Z D,ZHANG F. Geochemical controls on fluoride concentrations in natural waters from the middle Loess Plateau,China[J]. Journal of Geochemical Exploration,2015,159:252-261.

[21] 郝春明,张伟,何瑞敏,等.神东矿区高氟矿井水分布特征及形成机制[J].煤炭学报,2021,46(6):1966-1977.

[22] 苏双青,赵焰,徐志清,等.我国煤矿矿井水氟污染现状及除氟技术研究[J].能源与环保,2020,42(11):5-10.

[23] 王甜甜,靳德武,薛建坤,等.蒙陕接壤区煤矿采空区水-岩系统中氟来源及释放规律[J].煤田地质与勘探,2023,51(2):252-262.

[24] KUMAR P,SINGH C K,SARASWAT C,et al. Evaluation of aqueous geochemistry of fluoride enriched groundwater:a case study of the Patan district,Gujarat,Western India[J]. Water Science,2017,31(2):215-229.

[25] 孙亚军,张莉,徐智敏,等.煤矿区矿井水水质形成与演化的多场作用机制

及研究进展[J].煤炭学报,2022,47(1):423-437.

[26] FENG Q Y,LI T,QIAN B,et al. Chemical characteristics and utilization of coal mine drainage in China[J]. Mine Water and the Environment, 2014,33(3):276-286.

[27] 何绪文,杨静,邵立南,等.我国矿井水资源化利用存在的问题与解决对策 [J].煤炭学报,2008,33(1):63-66.

[28] 崔玉川,曹昉.煤矿矿井水处理利用工艺技术与设计[M].北京:化学工业 出版社,2016.

[29] 刘勇,孙亚军.煤矿矿井水资源化技术探讨[J].能源技术与管理,2008,33 (1):73-75.

[30] NAIDU G,RYU S,THIRUVENKATACHARI R,et al. A critical review on remediation,reuse,and resource recovery from acid mine drainage[J]. Environmental Pollution,2019,247:1110-1124.

[31] 顾大钊,李庭,李井峰,等.我国煤矿矿井水处理技术现状与展望[J].煤炭 科学技术,2021,49(1):11-18.

[32] 王甜甜,靳德武,杨建.内蒙古某矿矿井水重金属污染特征及来源分析[J]. 煤田地质与勘探,2021,49(5):45-51.

[33] 杨建,刘洋,方刚.煤矿水文地质勘探中水文地球化学判别标准的构建[J]. 煤田地质与勘探,2018,46(1):92-96.

[34] FUGE R. Fluorine in the environment,a review of its sources and geo-chemistry[J]. Applied Geochemistry,2019,100:393-406.

[35] RASHID A,FAROOQI A,GAO X B,et al. Geochemical modeling,source apportionment,health risk exposure and control of higher fluoride in groundwater of sub-district Dargai, Pakistan[J]. Chemosphere,2020, 243:125409.

[36] CHANDRAJITH R,DIYABALANAGE S,DISSANAYAKE C B. Geo-genic fluoride and arsenic in groundwater of Sri Lanka and its implica-tions to community health[J]. Groundwater for Sustainable Develop-ment,2020,10:100359.

[37] ORGANIZATION W H. WHO Guidelines for drinking-water quality: fourth edition incorporating the first addendum [S]. Geneva:World Health Organization,2017.

[38] 中国疾病控制预防中心等.生活饮用水卫生标准:GB 5749—2022[S].北京:中国标准出版社,2022.

[39] 王甜甜,薛建坤,尚宏波,等.蒙陕接壤区矿井水中氟的污染特征及形成机制[J].煤炭学报,2022,47(11):4127-4138.

[40] 张伟,郝春明,刘敏.内蒙古布尔台煤矿高氟矿井水特征及成因分析[J].华北科技学院学报,2021,18(3):10-18.

[41] 郑利祥,杨书杰,郭中权,等.膜浓缩与化学沉淀工艺处理含氟高盐矿井水的技术探讨//2021年全国能源环境保护技术论坛,中国浙江宁波,2021[C].

[42] 潘忠德,何宏康,徐守明.色连矿煤矸石浸泡与淋溶物质释放特征研究[J].广东化工,2021,48(21):29-31.

[43] 段磊,孙亚乔,王晓冬,等.不同风化程度煤矸石中重金属释放及潜在生态风险[J].安全与环境学报,2021,21(2):874-881.

[44] 李成城,高旭波,王焰新,等.阳泉市煤矸石中氟的赋存形态分析[J].安全与环境工程,2013,20(4):36-40.

[45] 张泰芳.淮南潘谢矿区煤矸石浸泡试验及对环境的影响[J].安庆师范学院学报(自然科学版),1999,5(3):102-105.

[46] 刘钦甫,郑丽华,张金山,等.煤矸石中氮溶出的动态淋滤实验[J].煤炭学报,2010,35(6):1009-1014.

[47] 刘钦甫,郑丽华,张金山,等.晋东南和豫中地区煤矸石中氮及其环境效应[J].煤田地质与勘探,2010,38(1):33-36.

[48] 赵洪宇,李玉环,宋强,等.煤矸石在新型动态循环淋溶装置中的淋溶特性[J].中国环境科学,2016,36(7):2090-2098.

[49] 赵洪宇,李玉环,宋强,等.煤矸石动态循环淋溶液的特性[J].环境工程学报,2017,11(2):1171-1177.

[50] 赵丽,田云飞,王世东,等.煤矸石中溶解性有机质(DOM)溶出的动力学变化[J].煤炭学报,2017,42(9):2455-2461.

[51] 赵丽,孙艳芳,杨志斌,等.煤矸石去除矿井水中水溶性有机物及氨氮的实验研究[J].煤炭学报,2018,43(1):236-241.

[52] 郑永红,张治国,胡友彪,等.淮南矿区煤矸石风化物特性及有机碳分布特征[J].水土保持通报,2014,34(5):18-24.

[53] LI J J,TANG Y G,MA J T,et al. The variation of organic matter in the

weathering of coal gangue and process soil forming[J]. The Society for Organic Petrology,2006,23:15-22.

[54] SUN Y Z,FAN J S,QIN P,et al. Pollution extents of organic substances from a coal gangue dump of Jiulong Coal Mine,China[J]. Environmental Geochemistry and Health,2009,31(1):81-89.

[55] 王新伟,钟宁宁,韩习运.煤矸石堆放对土壤环境 PAHs 污染的影响[J].环境科学学报,2013,33(11):3092-3100.

[56] FAN J S,SUN Y Z,LI X Y,et al. Pollution of organic compounds and heavy metals in a coal gangue dump of the Gequan Coal Mine,China[J]. Chinese Journal of Geochemistry,2013,32(3):241-247.

[57] 骈炜,张敬凯,王金喜.煤矸石中有机物对环境的污染分析[C]// 中国环境科学学会(Chinese Society for Environmental Sciences).2015 年中国环境科学学会学术年会论文集.中国学术期刊电子杂志社有限公司,2015:1113-1117.

[58] 樊景森,孙玉壮,牛红亚,等.九龙煤矿煤矸石山对环境的有机污染[J].环境污染与防治,2009,31(1):101-103.

[59] BEAR J. Dynamics of fluids in porous media[M]. New York:American Elsevier Pub. Co. ,1972.

[60] 周杨.多孔介质溶质运移实验模拟研究[D].合肥:合肥工业大学,2016.

[61] TAYLOR G L. Dispersion of soluble matter in solvent flowing slowly through a tube[J]. Proceedings of the Royal Society of London Series A Mathematical and Physical Sciences,1953,219(1137):186-203.

[62] 杨金忠,蔡树英,王旭升.地下水运动数学模型[M].北京:科学出版社,2009:155-157.

[63] 刘淑琴,董贵明,杨国勇,等.煤炭地下气化酚污染迁移数值模拟[J].煤炭学报,2011,36(5):796-801.

[64] 王全九,邵明安,郑纪勇.土壤中水分运动与溶质迁移[M].北京:中国水利水电出版社,2007:78-91.

[65] AKHTAR M S,STÜBEN D,NORRA S,et al. Soil structure and flow rate-controlled molybdate,arsenate and chromium(III) transport through field columns[J]. Geoderma,2011,161(3/4):126-137.

[66] 黄诗棋,胡立堂,刘东旭,等.基于连续时间随机游走模型的裂隙介质中 Pu

迁移模拟[J].中国环境科学,2023:1-10.

[67] CUI J Y,CHEN J Y,GU J,et al. Migration of TiO₂ from PET/TiO₂ composite films used for polymer-laminated steel cans in acidic solution[J]. Coatings,2023,13(5):887.

[68] ŠIM ŮNEK J,VAN GENUCHTEN M T. Modeling nonequilibrium flow and transport processes using HYDRUS[J]. Vadose Zone Journal,2008, 7(2):782-797.

[69] 郭芷琳,马瑞,张勇,等.地下水污染物在高度非均质介质中的迁移过程:机理与数值模拟综述[J].中国科学(地球科学),2021,51(11):1817-1836.

[70] KÖHNE M J,KÖHNE S,ŠIM ŮNEK J. A review of model applications for structured soils:a) Water flow and tracer transport[J]. Journal of Contaminant Hydrology,2009,104(1/2/3/4):4-35.

[71] 赵丽.孔隙型热储层中硝酸盐和氨氮的迁移转化规律研究[D].焦作:河南理工大学,2013.

[72] 隋淑梅,吴祥云,海龙.垃圾渗滤液中 NH₄⁺-N 在地下水系统中迁移转化模拟研究[J].安全与环境学报,2014,14(6):206-210.

[73] 师亚坤.松原市卡拉店傍河水源地地下水氨氮的迁移转化规律与预测研究[D].长春:吉林大学,2019.

[74] 赵春兰,凌成鹏,吴勇,等.垃圾渗滤液对地下水水质影响的数值模拟预测:以冕宁县漫水湾生活垃圾填埋场为例[J].环境工程,2017,35(2):163-167.

[75] 张庆,赵丽,王心义.NH₄⁺ 在孔隙型地热水中的运移机制研究[J].环境科学与技术,2015,38(4):74-78.

[76] ZHAO L,LI Y L,WANG S D,et al. Adsorption and transformation of ammonium ion in a loose-pore geothermal reservoir:batch and column experiments[J]. Journal of Contaminant Hydrology,2016,192:50-59.

[77] 高绍博.基于数值模拟的某沿海地区垃圾填埋场地下水氨氮污染修复研究[D].北京:中国地质大学(北京),2020.

[78] 陈铭,王晶玮,韩明,等.某电厂氨氮污染物在地下水中运移规律研究[J].勘察科学技术,2016(增刊):27-30.

[79] ZHANG S S,JIN M G,SUN Q. Experiment and numerical simulation on

transportation of ammonia nitrogen in saturated soil column with steady flow[J]. Procedia Environmental Sciences,2011,10:1327-1332.

[80] MAZLOOMI F,JALALI M. Effects of vermiculite,nanoclay and zeolite on ammonium transport through saturated sandy loam soil:column experiments and modeling approaches[J]. CATENA,2019,176:170-180.

[81] SPARKS D L,JARDINE P M. Comparison of kinetic equations to describe potassium-calcium exchange in pure and in mixed systems[J]. Soil Science,1984,138(2):115-122.

[82] 万大娟,张杨珠,冯跃华,等.湖南省主要旱耕地土壤的固定态铵含量及其影响因素[J].土壤学报,2004,41(3):480-483.

[83] 李朝丽,周立祥.黄棕壤不同粒级组分对镉的吸附动力学与热力学研究[J].环境科学,2008,29(5):1406-1411.

[84] 黄顺红,张杨珠,吴明宇,等.湖南省主要稻田土壤的固定态铵含量与最大固铵容量[J].土壤,2005,37(5):500-505.

[85] HO Y S. Review of second-order models for adsorption systems[J]. Journal of Hazardous Materials,2006,136(3):681-689.

[86] 张娇静.天然气中酸性气体硫化氢净化技术研究[D].大庆:东北石油大学,2014.

[87] 陈坚.铵态氮在包气带介质中的吸附机制及转化去除研究[D].北京:中国地质大学,2011.

[88] 沈照理,朱宛华,钟佐桑.水文地球化学基础[M].北京:地质出版社,1993:136-141.

[89] 姚晨曦,杨春信,周成龙.Langmuir 吸附等温式推导浅析[J].化学与生物工程,2018,35(1):31-35.

[90] JEPPU G P,CLEMENT T P. A modified Langmuir-Freundlich isotherm model for simulating pH-dependent adsorption effects[J]. Journal of Contaminant Hydrology,2012,129/130:46-53.

[91] CHOWDHURY S,MISHRA R,SAHA P,et al. Adsorption thermodynamics,kinetics and isosteric heat of adsorption of malachite green onto chemically modified rice husk [J]. Desalination,2011,265(1/2/3):159-168.

[92] 史济斌,刘国杰.评 Freundlich 吸附等温式的推导[J].大学化学,2015,30

(3):76-79.

[93] 姜永清.几种土壤对砷酸盐的吸附[J].土壤学报,1983(4):394-405.

[94] 邰苏日嘎拉,李永春,周文辉,等.宁夏固原市原州区高氟地区氟对人体健康的影响[J].岩矿测试,2021,40(6):919-929.

[95] 刘璇,梁秀娟,肖霄,等.pH对吉林西部湖泊底泥中不同形态氟迁移转化影响的实验研究[J].环境污染与防治,2011,33(6)19-22.

[96] 朱其顺,许光泉,王顺昌,等.浅层地下水中氟的迁移试验研究:以安徽淮北平原为例[J].实验室研究与探索,2013,32(3):34-37.

[97] 张红梅.氟在土中运移规律的动态试验研究[J].岩土工程学报,2006,28(9):1159-1162.

[98] LI Y P,BAI G,ZOU X,et al. Nitrogen migration and transformation mechanism in the groundwater level fluctuation zone of typical medium [J]. Water,2021,13(24):3626.

[99] 黄颖,江涛,丁杰,等.城镇化流域地下水氮素组成特征及来源解析[J].热带地理,2023,43(7):1400-1410.

[100] MÜLLER C,CLOUGH T J. Advances in understanding nitrogen flows and transformations:gaps and research pathways[J]. The Journal of Agricultural Science,2014,152(增刊):34-44.

[101] LI Y P,WANG L Y,ZOU X,et al. Experimental and simulation research on the process of nitrogen migration and transformation in the fluctuation zone of groundwater level[J]. Applied Sciences,2022,12(8):3742.

[102] 张云,张胜,刘长礼,等.包气带土层对氮素污染地下水的防护能力综述与展望[J].农业环境科学学报,2006,25(增刊):339-346.

[103] 孙晓文,彭辉.非饱和带-饱和带全耦合氮素迁移转化数值模拟[J].南水北调与水利科技(中英文),2021(6):1194-1207.

[104] 郑超,马东民,陈跃,等.水分对煤层气吸附/解吸微观作用研究进展[J].煤炭科学技术,2023,51(2):256-268.

[105] 张娟.地热水与围岩介质中"三氮"迁移机理研究[D].焦作:河南理工大学,2011.

[106] 阿丽莉.对流及硝化和反硝化对地热水中亚硝态氮变化规律的作用机制研究[D].焦作:河南理工大学,2013.

[107] GAO D Z, LIU C, LI X F, et al. High importance of coupled nitrification-denitrification for nitrogen removal in a large periodically low-oxygen estuary[J]. The Science of the Total Environment, 2022, 846: 157516.

[108] BURNS L C, STEVENS R J, LAUGHLIN R J. Production of nitrite in soil by simultaneous nitrification and denitrification[J]. Soil Biology and Biochemistry, 1996, 28(4/5): 609-616.

[109] BREUER L, KIESE R, BUTTERBACH-BAHL K. Temperature and moisture effects on nitrification rates in tropical rain-forest soils[J]. Soil Science Society of America Journal, 2002, 66(3): 834.

[110] 杨岚鹏, 李娜, 张军. pH 对浅层地下水中"三氮"迁移转化的影响[J]. 中国农学通报, 2017, 33(30): 56-60.

[111] SHAO Z, SHEN Y, ZENG Z, et al. Nitrogen removal crash of denitrification in anaerobic biofilm reactor due to dissimilatory nitrate reduction to ammonium (DNRA) for tofu processing wastewater treatment: based on microbial community and functional genes[J]. Journal of Water Process Engineering, 2023, 51: 103408.

[112] CHEN G J, LIN L, WANG Y, et al. Unveiling the interaction mechanisms of key functional microorganisms in the partial denitrification-anammox process induced by COD[J]. Frontiers of Environmental Science & Engineering, 2023, 17(8): 103.

[113] 赵丽, 王心义, 杨建, 等. 深埋孔隙型地热水的水化学特征及反硝化作用[J]. 环境科学与技术, 2015, 38(7): 77-81.

[114] MEGONIGAL J P, HINES M E, VISSCHER P T. Anaerobic metabolism: linkages to trace gases and aerobic processes[M]//Treatise on Geochemistry. Amsterdam: Elsevier, 2003: 317-424.

[115] 殷士学. 淹水土壤中硝态氮异化还原成铵过程的研究[D]. 南京: 南京农业大学, 2000.

[116] LI Y P, WANG L Y, ZOU X, et al. Experimental and simulation research on the process of nitrogen migration and transformation in the fluctuation zone of groundwater level[J]. Applied Sciences, 2022, 12(8): 3742.

[117] DOU Y, HOWARD K W F, QIAN H. Transport characteristics of ni-

trite in a shallow sedimentary aquifer in northwest China as determined by a 12-day soil column experiment[J]. Exposure and Health, 2016, 8 (3):381-387.

[118] 王双明,范立民,马雄德.生态脆弱区煤炭开发与生态水位保护[J].中国矿业杂志社,2010:232-236.

[119] 杨光林.基于沿空留巷矿井采空区地下水库建设研究[D].青岛:山东科技大学,2017.

[120] 顾大钊,颜永国,张勇,等.煤矿地下水库煤柱动力响应与稳定性分析[J].煤炭学报,2016,41(7):1589-1597.

[121] 顾大钊."能源金三角"地区煤炭开采水资源保护与利用工程技术[J].煤炭工程,2014,46(10):34-37.

[122] 范常浩.锦界煤矿采空区破碎煤岩体净水机理实验研究[D].徐州:中国矿业大学,2022.

[123] KOURKOULIS S K, GANNIARI-PAPAGEORGIOU E. Experimental study of the size- and shape-effects of natural building stones[J]. Construction and Building Materials, 2010, 24(5):803-810.

[124] 蒋斌斌,刘舒予,任洁,等.煤矿地下水库对含不同赋存形态有机物及重金属矿井水净化效果研究[J].煤炭工程,2020,52(1):122-127.

[125] 于妍,陈薇,曹志国,等.煤矿地下水库矿井水中溶解性有机质变化特征的研究[J].中国煤炭,2018,44(10):168-173.

[126] 杨建.井上下联合处理矿井水中污染物效果研究[J].煤田地质与勘探,2016,44(2):55-58.

[127] 何绪文,李焱,邵立南,等.模拟矿井采空区水处理试验[J].煤炭科学技术,2009,37(3):106-108.

[128] 邵立南,何绪文,黄静华,等.高浊高铁锰矿井水中污染物在采空区内的迁移扩散[J].中国矿业大学学报,2009,38(1):135-139.

[129] 郑鑫,由吉春,朱雨田,等.扫描电镜技术在高分子表征研究中的应用[J].高分子学报,2022,53(5):539-560.

[130] 张俊杰,吴泓辰,何金先,等.应用扫描电镜与X射线能谱仪研究柳江盆地上石盒子组砂岩孔隙与矿物成分特征[J].地质找矿论丛,2017(3):434-439.

[131] 范谢均.内蒙古乌奴耳锌铅银钼多金属矿床成因及成矿预测[D].武汉:

中国地质大学,2021.

[132] 张武文.地质学基础[M].北京:中国林业出版社,2011.

[133] 高翔.黏土矿物学[M].北京:化学工业出版社,2017.

[134] 魏文,曾静,张冠华.离子选择电极法测定工业污水中的氟[J].世界有色金属,2019(24):156-158.

[135] 张薏旸.垃圾渗滤液中 Cr^{6+} 在地下水中的迁移转化规律研究[D].河南:河南理工大学,2022.

[136] 赵丽.环境影响评价[M].2 版.徐州:中国矿业大学出版社,2021.

[137] WANG Z,GUO H M,XING S P,et al. Hydrogeochemical and geothermal controls on the formation of high fluoride groundwater[J]. Journal of Hydrology,2021,598:126372.

[138] 王心义,阿丽莉,赵丽,等.亚硝酸盐在明化镇组热储层中的转化规律研究[J].河南理工大学学报(自然科学版),2013,32(1):40-45.

[139] 张佳钰.海藻酸钠包埋污泥凝胶球的制备及除氟机理研究[D].沈阳:沈阳建筑大学,2023.

[140] 肖红伟,艾文强,肖化云,等.淡水亚硝酸盐样品最佳保存条件的探讨[J].环境保护科学,2017,43(6):45-48.

[141] 蒋绍阶,刘宗源.UV_{254} 作为水处理中有机物控制指标的意义[J].重庆建筑大学学报,2002,24(2):61-65.

[142] 张乐天,张文强,单保庆,等.白洋淀悬浮颗粒物中有机质的组分特征研究[J].环境科学学报,2023,43(7):37-47.

[143] FELLMAN J B,HOOD E,SPENCER R G M. Fluorescence spectroscopy opens new windows into dissolved organic matter dynamics in freshwater ecosystems:a review[J]. Limnology and Oceanography,2010,55(6):2452-2462.

[144] 祝鹏,廖海清,华祖林,等.平行因子分析法在太湖水体三维荧光峰比值分析中的应用[J].光谱学与光谱分析,2012,32(1):152-156.

[145] 刘丽贞,黄琪,吴永明,等.鄱阳湖 CDOM 三维荧光光谱的平行因子分析[J].中国环境科学,2018,38(1):293-302.

[146] TEDETTI M,CUET P,GUIGUE C,et al. Characterization of dissolved organic matter in a coral reef ecosystem subjected to anthropogenic pressures (La Réunion Island,Indian Ocean) using multi-dimensional

fluorescence spectroscopy[J]. Science of the Total Environment,2011, 409(11):2198-2210.

[147] 冯伟莹,朱元荣,吴丰昌,等.太湖水体溶解性有机质荧光特征及其来源解析[J].环境科学学报,2016,36(2):475-482.

[148] QUAN G X,FAN Q,ZIMMERMAN A R,et al. Effects of laboratory biotic aging on the characteristics of biochar and its water-soluble organic products[J].Journal of Hazardous Materials,2020,382:121071.

[149] ZHANG Y L,ZHANG E L,YIN Y,et al. Characteristics and sources of chromophoric dissolved organic matter in lakes of the Yungui Plateau, China,differing in trophic state and altitude[J]. Limnology and Oceanography,2010,55(6):2645-2659.

[150] 李嘉慧,欧阳峰,郑世界,等.生物炭对紫色土中氟苯尼考吸附与迁移的影响[J].环境科学研究,2022,35(6):1467-1474.

[151] 李玉嵩,卢宇灿,曹琼,等.氨氮在煤矿采空区充填矸石中的运移机制[J].煤田地质与勘探,2022,50(6):147-154.

[152] 尹尚先,徐斌,徐慧,等.化学示踪连通试验在矿井充水条件探查中的应用[J].煤炭学报,2014,39(1):129-134.

[153] 杨会峰,白华,程彦培,等.基于氯离子示踪法深厚包气带地区地下水补给特征[J].南水北调与水利科技(中英文),2022(1):30-39.

[154] 于长江.土霉素在包气带中的迁移转化规律及数值模拟[D].西安:长安大学,2017.

[155] 王焰新.地下水污染与防治[M].北京:高等教育出版社,2007.

[156] 乔肖翠,何江涛,杨蕾,等.DOM及pH对典型PAHs在土壤中迁移影响模拟实验研究[J].农业环境科学学报,2014,33(5):943-950.

[157] 马小云,康小兵,王在敏,等.不同孔隙条件下饱和土壤内Cl-运移规律试验[J].实验室研究与探索,2018,37(12):30-33.

[158] 张效苇.Cr(Ⅵ)在土壤中的吸附、解吸规律研究[D].北京:中国地质大学(北京),2017.

[159] 张红梅.运城盆地土壤中氟运移规律动态试验研究[J].中国地质,2010, 37(3):686-689.

[160] TIWARI A,SHAH P D,CHAUHAN S S. Unsteady solute dispersion in two-fluid flowing through narrow tubes:a temperature-dependent

viscosity approach[J]. International Journal of Thermal Sciences,2021, 161:106651.

[161] 阮方毅,薛传成,王艳,等.多孔介质中悬浮颗粒渗透迁移特性的试验研究[J].宁波大学学报(理工版),2022,35(3):1-9.

[162] 赵丽,黄尚峥,张庆,等.注入时间和静水压力对孔隙热储层中 Cl^- 运移影响[J].水文地质工程地质,2023,50(2):189-197.

[163] 邓富祥,凌成鹏,黄婷.采用电阻率法的纵向弥散度室内测定研究[J].地下水,2023,45(1):8-11.

[164] 刘靖宇.垃圾渗滤液中氨氮在地下水中的迁移转化规律[D].焦作:河南理工大学,2019.

[165] 孙艳芳.保德和补连塔煤矿煤矸石中氮素及溶解性有机质的溶出特征对比研究[D].焦作:河南理工大学,2019.

[166] 孙慧敏,王益权.土壤团聚状况对 Cl^- 运移规律的影响[J].水土保持学报,2012,26(3):180-183.

[167] 杨会林.氯化钠在地下水中迁移的室内实验研究[D].北京:中国地质大学(北京),2013.

[168] 张庆,赵丽,王心义.NH_4^+ 在孔隙型地热水中的运移机制研究[J].环境科学与技术,2015,38(4):74-78.

[169] 王国贞,吴俊峰,王现丽.改性煤矸石对废水中氨氮的去除试验研究[J].煤炭工程,2010,42(6):87-88.

[170] 王现丽,牛云峰,吴俊峰.改性煤矸石作为废水处理吸附剂的试验研究[J].金属矿山,2010(7):161-162.

[171] 李素珍,徐仁扣.可变电荷土壤中胶粒双电层的相互作用与阴阳离子同时吸附[J].土壤学报,2009,46(5):948-952.

[172] 吕晓立,刘景涛,韩占涛,等.甘肃秦王川灌区地下水硝酸盐污染特征及成因[J].干旱区资源与环境,2020,34(6):139-145.

[173] 王心义,张艳欣,刘梦杰,等.超深层孔隙地热水中 NH_4^+ 和 NO_2^- 的运移规律研究[J].安全与环境学报,2012,12(4):14-17.

[174] 李鹏章,王淑莹,彭永臻,等.COD/N 与 pH 值对短程硝化反硝化过程中 N_2O 产生的影响[J].中国环境科学,2014,34(8):2003-2009.

[175] 李绪谦,谢雪,李红艳,等.pH 值对弱透水层中硝酸盐迁移转化的影响[J].水资源保护,2011,27(1):67-72.

[176] ZHAO L,LI Y L,WANG S D,et al. Adsorption and transformation of ammonium ion in a loose-pore geothermal reservoir:batch and column experiments[J]. Journal of Contaminant Hydrology,2016,192:50-59.

[177] DANCER W S,PETERSON L A,CHESTERS G. Ammonification and nitrification of N as influenced by soil pH and previous N treatments [J]. Soil Science Society of America Journal,1973,37(1):67-69.

[178] AKSOY N, SIMSEK C, GUNDUZ O. Groundwater contamination mechanism in a geothermal field:a case study of Balcova,Turkey[J]. Journal of Contaminant Hydrology,2009,103(1/2):13-28.

[179] LI Z L,TANG Z,SONG Z P,et al. Variations and controlling factors of soil denitrification rate [J]. Global Change Biology, 2022, 28 (6): 2133-2145.

[180] MAJUMDER R K,HASNAT M A,HOSSAIN S. An exploration of nitrate concentrations in groundwater aquifers of central-west region of Bangladesh[J]. Journal of Hazardous Materials, 2008, 159 (2/3): 536-543.

[181] 张启新,李洁,丛稳.地下水电导率与矿化度相关关系分析:以甘肃省河西走廊张掖盆地为例[J].地下水,2010,32(6):46-48.

[182] 楼显盛,陈安瑶,张研,等.浙江省农村生活污水电导率与水质指标的响应关系分析[J].环境监测管理与技术,2022,34(1):64-67.

[183] 张大勇,鲍新华,杜尚海,等.氨氮在含水层介质中的吸附影响因素分析[J].科学技术与工程,2018,18(13):175-179.

[184] WANG X Y,ZHAO L,LIU X M,et al. Temperature effect on the transport of nitrate and ammonium ions in a loose-pore geothermal reservoir [J]. Journal of Geochemical Exploration,2013,124:59-66.

[185] 赵丽,阿丽莉,刘梦杰,等.氨氮在松散孔隙型热储层中的吸附影响因素研究[J].安全与环境学报,2012,12(4):95-98.

[186] 傅金祥,范冬晗,刘子鸥.偏高岭土基地质聚合物型氨氮吸附剂制备与表征[J].硅酸盐通报,2019,38(11):3625-3630.

[187] 李昊远.氮气吸附法的致密砂岩孔隙结构分析[J].云南化工,2019,46(12):87-90.

[188] 邸璐,王芳,王霞,等.纳米磁性炭对氨氮吸附特性的影响研究[J].可再生

能源,2021,39(11):1421-1427.

[189] 石凯,李巧玲.多孔煤矸石吸附剂的制备及其吸附热力学研究[J].中北大学学报(自然科学版),2020,41(1):79-84.

[190] 周俊义,赵宇,于弘奕.构造煤的孔隙结构实验研究[J].煤矿安全,2016,47(7):5-8.

[191] 张华.柚皮基活性炭制备及吸附应用机理研究[D].南宁:广西大学,2013.

[192] 刘喜,敖鸿毅,刘剑彤.铁改性竹炭去除水中的 As(Ⅲ)和 As(Ⅴ)[J].环境工程学报,2012,6(9):2958-2962.

[193] BAKER H M,FRAIJ H. Principles of interaction of ammonium ion with natural Jordanian deposits:analysis of uptake studies[J]. Desalination,2010,251(1/2/3):41-46.

[194] 刘剑.改性沸石去除模拟二级出水中氨氮的实验研究[D].昆明:昆明理工大学,2015.

[195] 拦继元,卫旭琴,杨林.砂粒对河水中氨氮的吸附及参数拟合[J].浙江农业科学,2019,60(6):1051-1054.

[196] QIAN J Z,WU Y N,ZHANG Y,et al. Evaluating differences in transport behavior of sodium chloride and brilliant blue FCF in sand columns[J]. Transport in Porous Media,2015,109(3):765-779.

[197] 王全荣.孔隙介质中非常规溶质径向弥散规律解析及数值模拟研究[D].武汉:中国地质大学,2014.

[198] 赵丽,张庆,刘小满,等.地热环境下 NO_3^- 在多孔介质中的运移机制研究[J].安全与环境学报,2015,15(5):320-324.

[199] 马子淇.非均质介质中溶质运移的弥散度尺度效应研究[D].长春:吉林大学,2023.

[200] CHUN J A,COOKE R A,EHEART J W,et al. Estimation of flow and transport parameters for woodchip-based bioreactors:I. laboratory-scale bioreactor[J]. Biosystems Engineering,2009,104(3):384-395.

[201] TORIDE N,LEIJ F J,GENUCHTEN M T V,et al. The CXTFIT code for estimating transport parameters from laboratory or field tracer experiments. Riverside,CA:US Salinity Laboratory,1995.

[202] TAO H L,LIAN C,LIU H L. Multiscale modeling of electrolytes in

porous electrode：from equilibrium structure to non-equilibrium transport[J]. Green Energy & Environment，2020，5(3)：303-321.

[203] CHEN S Y，HSU K C，FAN C M. Improvement of generalized finite difference method for stochastic subsurface flow modeling[J]. Journal of Computational Physics，2021，429：110002.

[204] BRYANT S L，PARUCHURI R K，PRASAD SARIPALLI K. Flow and solute transport around injection wells through a single，growing fracture[J]. Advances in Water Resources，2003，26(8)：803-813.

[205] BOLSHOV L A，KONDRATENKO P S，MATVEEV L V. Nonclassical transport in highly heterogeneous and sharply contrasting media[J]. Physics-Uspekhi，2019，62(7)：649-659.

[206] JELLALI S，DIAMANTOPOULOS E，KALLALI H，et al. Dynamic sorption of ammonium by sandy soil in fixed bed columns：evaluation of equilibrium and non-equilibrium transport processes[J]. Journal of Environmental Management，2010，91(4)：897-905.

[207] 徐玉璐. 多孔介质中污染物运移及弥散系数对流速依赖性实验研究[D]. 合肥：合肥工业大学，2017.

[208] JIN Y，DONG J B，ZHANG X Y，et al. Scale and size effects on fluid flow through self-affine rough fractures[J]. International Journal of Heat and Mass Transfer，2017，105：443-451.

[209] BRUNET R C，BRIAN A K，DARTIGUELONGUE S，et al. The mineralisation of organic nitrogen：relationship with variations in the water-table within a floodplain of the River Adour in southwest France[J]. Water Resources Management，2008，22(3)：277-289.

[210] 高佳蕊，方胜志，张玉玲，等. 东北黑土不同开垦年限稻田土壤有机氮矿化特征[J]. 中国农业科学，2022，55(8)：1579-1588.

[211] 弓爱君，刘杰民，王海鸥. 环境化学[M]. 北京：化学工业出版社，2016.

[212] 徐清艳. 不同种类生物炭制备及其吸附氨氮的研究[J]. 山东化工，2021，50(24)：283-287.

[213] NIE S Q，ZHANG Z F，MO S M，et al. Desulfobacterales stimulates nitrate reduction in the mangrove ecosystem of a subtropical gulf[J]. Science of the Total Environment，2021，769：144562.

［214］ ZHAO L,ZHAO Y,WANG X Y,et al. Dynamic changes of dissolved organic matter during nitrate transport in a loose-pore geothermal reservoir[J]. Chemical Geology,2018,487:76-85.

［215］ RIVETT M O,BUSS S R,MORGAN P,et al. Nitrate attenuation in groundwater:a review of biogeochemical controlling processes[J]. Water Research,2008,42(16):4215-4232.

［216］ 张云,张胜,刘长礼,等. 包气带土层防护地下水污染的反硝化测定影响综述[J]. 水文地质工程地质,2010,37(2):114-119.

［217］ WANG G P,JIN Z J,ZHANG Q. Effects of clay minerals and organic matter on pore evolution of the early mature lacustrine shale in the Ordos Basin,China[J]. Journal of Asian Earth Sciences,2023,246:105516.

［218］ JABŁOŃSKA B,KITYK A V,BUSCH M,et al. The structural and surface properties of natural and modified coal gangue[J]. Journal of Environmental Management,2017,190:80-90.

［219］ 周健民,沈仁芳. 土壤学大辞典[Z]. 北京:科学出版社,2013.